알기 쉬운 주택 설비

난방과 냉방

空気調和·衛生工学会 編

崔 夏 植 譯

since1973 도서출판 +iT
성안당.com
www.cyber.co.kr / www.sungandang.com

日本 옴사·성안당.com 공동출간

알기 쉬운 주택 설비
난방과 냉방

Original Japanese edition
Wakariyasui Jyuutaku no Setsubi :Danbou to Reibou
Edited by Kuukichouwa, Eisei Kougakkai
Copyright © 1999 by Kuukichouwa Eisei Kougakkai
published by Ohmsha, Ltd.

This Korean Language edition is co-published by Ohmsha, Ltd. and
SEONG AN DANG Publishing Co.
Copyright © 2001
All rights reserved.

간행에 즈음해서

약 10년간 계속된 1980년대의 거품 경제하에서 건설된 일본의 건축물은 현재 재개발 시기에 와 있으며, 이와 관련된 많은 문제를 안고 있다. 우선 분양집합주택의 경우 심각하고 예상 외로 빨리 찾아온 설비열화에 따른 재개발 공사의 시기에 어떻게 해야 할지 몰라 망설이고 있는 관리조합 또한 적지 않다. 특히, 앞으로 세워질 21세기 건축물은 지구환경에 대한 부하를 최대한으로 억제하기 위한 롱 라이프와 클린 에너지라는 키워드를 충분히 감안하여 설계를 해야 할 것이다. 실제로 1998년 11월, COP4에서 부에노스아이레스 행동계획이 채택되고, COP3(지구온난화방지 京都회의)에서 일본의 CO_2 삭감목표가 갑자기 현실감을 드러내게 되었다. 즉, 이제까지 PAL이나 CEC에 의해 진행된 오피스빌딩 등 비주택의 경우에는 10% 삭감, 그리고 지금껏 등한시 했던 주택의 에너지소비를 현행의 20%로 절감(건설대신자문위원회의 답신)할 필요가 있다는 것이다. 다시 말해 이러한 목표가 실행되어야만 하는 날이 멀지 않았으며, 이들 모든 문제의 해결에 직접적으로 공헌하는 것이 건축설비기술자의 몫이라고 할 수 있다.

지금의 건축환경(온열, 공기, 수환경 등) 및 건축설비 분야의 연구 및 기술개발은 그 넓이로 보나 깊이로 보나 눈부신 진보를 이루었으며, 그 중심적 역할을 공기조화·위생공학회가 담당하고 있다. 주택은 빌딩 등에 비해 그 환경구축의 조건이 시간적, 공간적으로 다양하여, 보다 세심한 대응이 필요함에도 불구하고 일본에서는 빌딩을 우선시 하고 주택은 등한시 해왔다. 하지만 이제는 인간의 생활환경을 개선시키기 위한 기본이 되는 주택 환경의 향상을 중요시하는 시대가 되었다. 80여 년의 역사를 가진 학회가 그 연구 성과의 최신설비기술을 이번에 처음으로 「주택설비」로 집대성시키게 된 것은 보다 넓게 일반사회에 직접적으로 공헌할 수 있다는 것에서 실로 그 의미가 크다고 할 수 있다.

주택설비에 관한 학회의 연구경과를 보면, 1988년 70주년 기념으로 주택설비 소위원회가 발족되어 1991년 성과보고, 이어 1991년 심포지움에서 주택설비기술 지침원안보고회를 개최, 그리고 1998년 주택설비위원회 보고가 이루어졌다. 이들 일련의 성과를 기초로 관계위원이 중심이 되어 오늘날 최고의 편집 집필자가 편성, 본 서가 간행되기에 이르렀다. 이것은 편집 집필자는 물론 지금까지의 주택설비 관련 위원회 및 각 위원의 노력에 의한 바가 크며, 역대 회장 및 이사 그리고 폭넓게는 회원 각 층의 지원에 의한 것으로, 편집소위원회를 대표하여 깊은 감사를 표하는 바이다.

출판위원회 「주택설비기술」 편집소위원회

위원장 中 島 康 孝

「わかりやすい住宅の設備」シリーズ　各巻の執筆担当

머리말

사무실 건물의 냉·난방 설비가 집무 공간에서의 작업 효율 향상을 목적으로 하는 데 비해, 집합 주택에 있어서는 거주자의 생활 양식이나 가족 구성 등 다양한 요소와 실의 용도, 시간상 변동하는 요구를 충족시키며, 건강하고 안전하게 쾌적한 생활 공간을 제공하는 데 그 목적이 있다.

본 서는 이와 같은 특색을 갖는 집합 주택의 냉·난방 설비에 있어 계획, 설계, 시공, 유지 관리에 필요한 기술을 구체적으로 해설하고, 주택으로서 온열 환경의 질적인 확보와 향상을 목적으로 간행한 것이다.

특히 최근에는 주거의 질에 대한 편리성, 쾌적성에 따른 에너지 소비량도 증가하는 추세이므로 개별 주거 방식의 관점에서도 에너지 절감은 필요 불가결하며, 넓게는 지구촌의 환경 보전을 생각해야 하는 매우 중요한 시대로 되었다.

이와 같은 시대적 배경을 바탕으로 출판된 본 서는 1~7장으로 구성되어 있으며, 우선, 제1장과 제2장에서는 집합 주택의 냉·난방 설비에 대해서, 제3장과 제4장에서는 온열 환경의 값이나 기기를 선정하기 위한 열 부하 계산법을 제시하였다. 다음에 제 5장과 제 6장에서는 계획부터 설계에 대하여 구체적인 예를 들었고, 제 7장에서는 시공과 관리 등에 대하여 상세하게 기술하였다.

따라서, 본 서는 건축·설비 관련의 설계, 시공, 유지 관리의 실무에 관한 기초 및 중견 기술자와 학생에게 꼭 권하고 싶다. 또한, 사용자가 주택을 매입할 경우의 참고 도서로도 이용 가치가 있다. 모쪼록 본 서가 많은 분들에게 활용되고 집합 주택의 냉·난방 설비에 있어서, 주거의 질적 향상에 많은 도움이 되기를 기대한다.

본 서에서는 단위에 있어 SI 단위계를 주로 사용하였고 종래의 단위를 ｛ ｝안에 병기하도록 했다.

끝으로, 이 책의 기획·편집에 협조해 주신 출판위원회 「주택설비기술」 편집 소위원회 위원 및 집필·검토 등의 작업을 담당해 주신 분들에게 깊이 감사드린다.

저자를 대표하여

大 橋 一 正

차 례

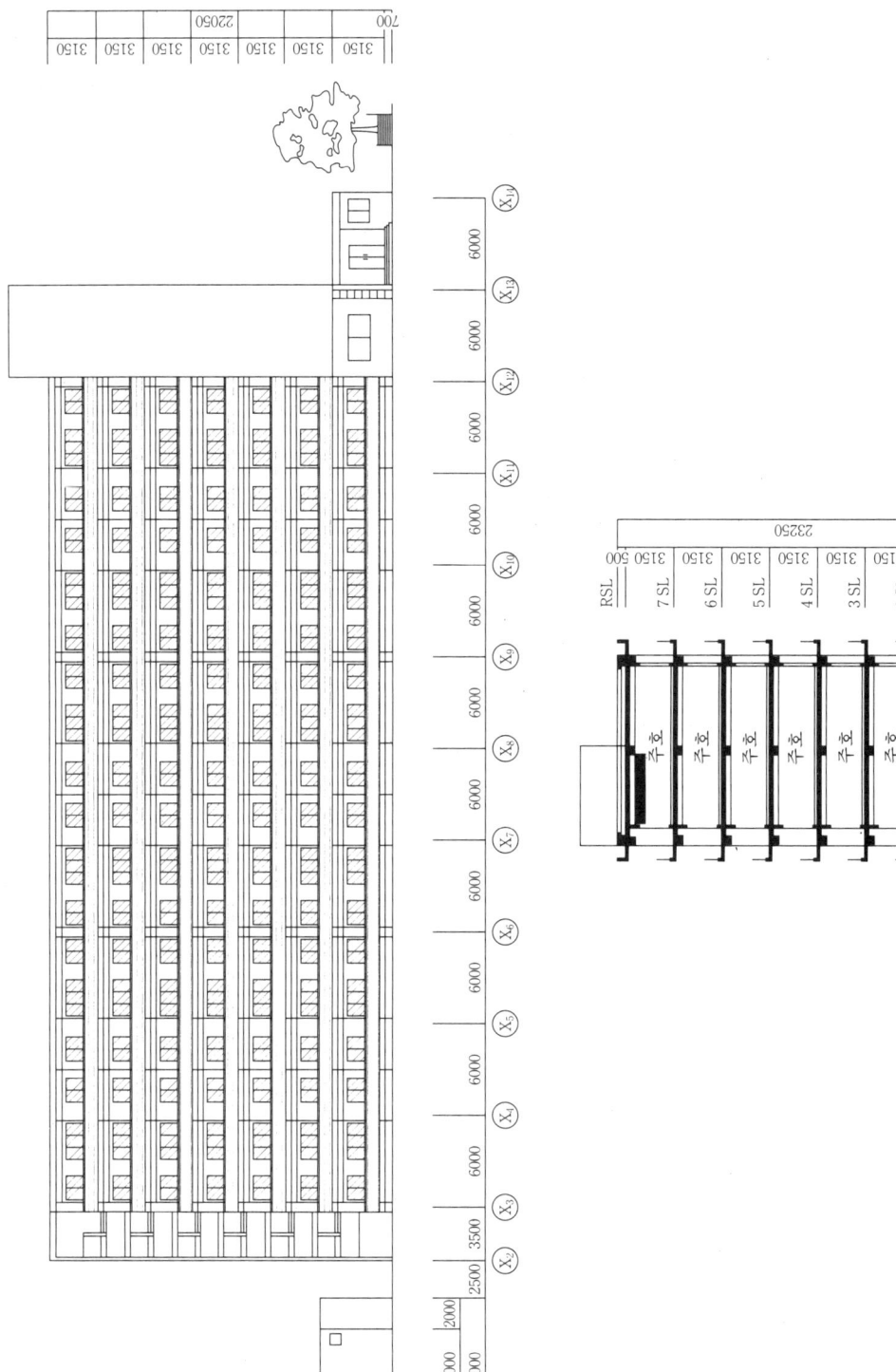

입면도(남측) · 단면도

3150	3150	3150	3150	3150	3150	3150	700
			22050				

X_1 — 5000 — 2000 — 7000 — X_2 — 2500 — 3500 — X_3 — 6000 — X_4 — 6000 — X_5 — 6000 — X_6 — 6000 — X_7 — 6000 — X_8 — 6000 — X_9 — 6000 — X_{10} — 6000 — X_{11} — 6000 — X_{12} — 6000 — X_{13} — 6000 — X_{14}

RSL	7 SL	6 SL	5 SL	4 SL	3 SL	2 SL	1 SL
500	3150	3150	3150	3150	3150	3150	700
			23250				

주호 · 주호 · 주호 · 주호 · 주호 · 주호 · 주호 · 피트

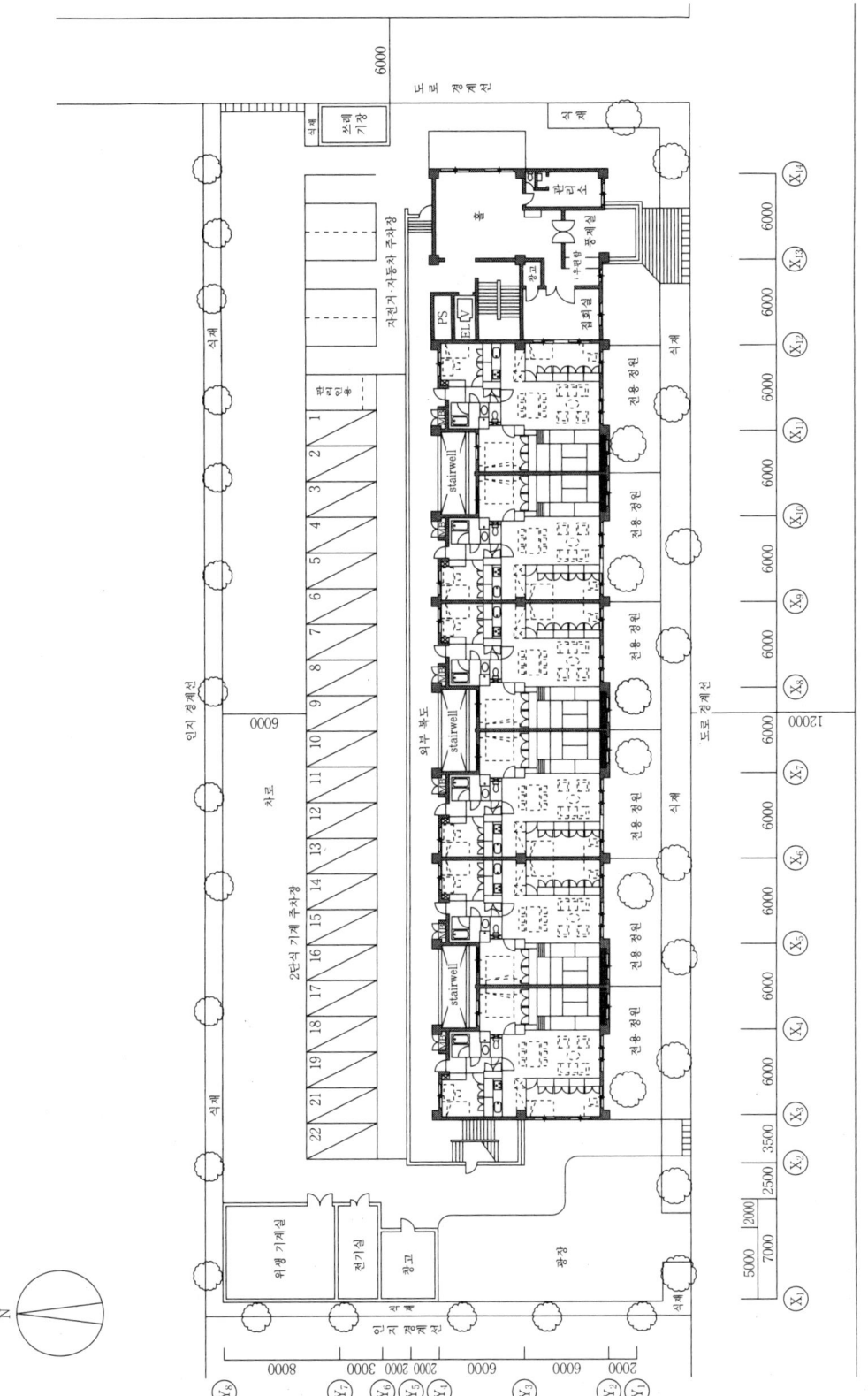

배치 · 1층 평면도

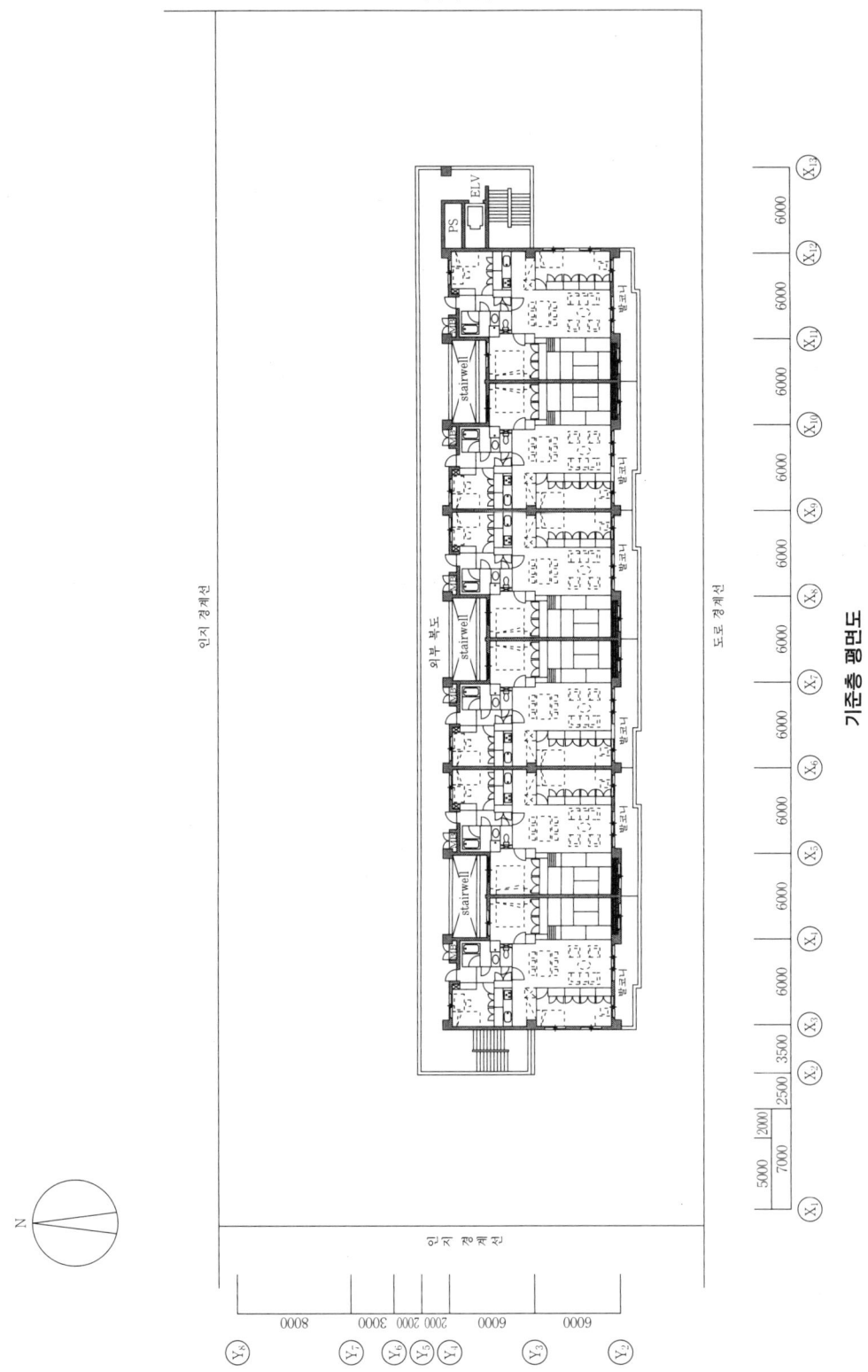

기준층 평면도

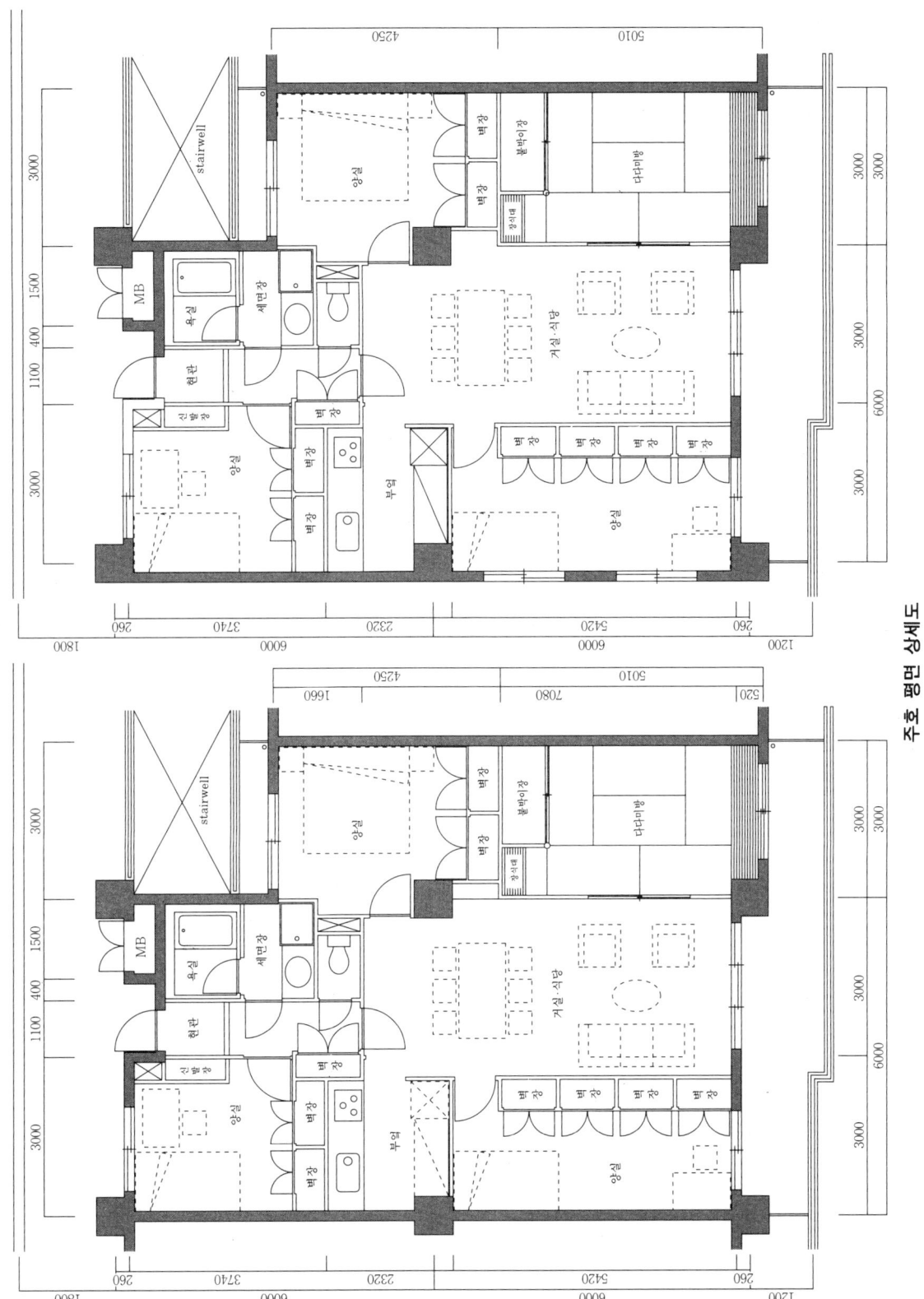

주호 평면 상세도

제1장

냉·난방 설비의 계획

1. 서론
2. 본서의 활용에 대하여

1 서론

온열환경

인간이 쾌적하다, 춥다, 덥다고 느끼는 등의 감각은 주변 공간의 기온, 습도, 기류, 방사 등의 상태에 따라 좌우된다.
이러한 인간의 감각에 영향을 주는 요소를 가리킨다.

본 서는 집합 주택의 냉·난방 설비의 기본적인 개념에서 계획, 설계, 시공, 유지 관리에 필요한 기술을 구체적으로 해설하여, 집합 주택으로서의 온열 환경의 질적 확보와 향상을 도모하는 것을 목적으로 한다.

이제까지의 사무실 건물 등의 냉·난방 설비는 작업 효율의 향상을 주 목적으로 하여 계획되고 있었지만, 집합 주택에서는 주거자의 생활 양식이나 연령, 가족 구성, 지역이나 사회 환경의 변화 등 다양한 요소와 실의 용도나 시간에 따라 변화하는 주변 환경에 대하여, 건강하고 쾌적한 생활 공간을 제공하는 것을 목적으로 하고 있다.

그림 1-1은 주위의 환경에 대해 건물과 사람이 어떻게 관련되어 있는가를 나타낸 것이다. 건물은 사람에 대하여 자연 환경에 대한 셸터(외각)가 되며 그 성능에 의해 실내의 온도나 환경은 크게 변화한다. 물론 실내에서 사람이 생활을 하게 되므로, 오염 물질(CO_2, CO, 담배, 냄새, 열, 연소 가스, 분진, 유해 가스, 균, 진드기 등 기타 물질)이 발생한다.

방사(복사)

물체에서 방출되는 전자파를 말한다. 학술용어로는 「방사」이지만, 바닥 난방 등에서는 「복사」라는 용어를 사용하고 있기 때문에 병기하였다.

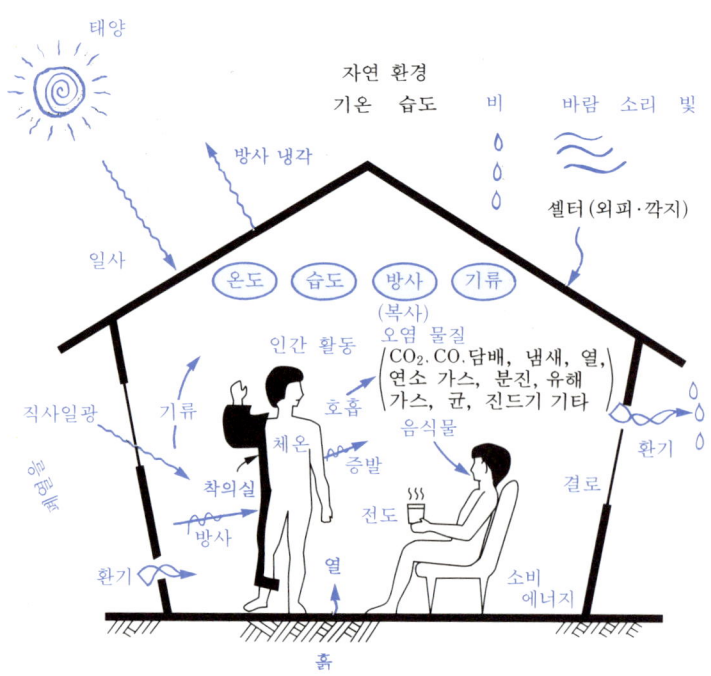

그림 1-1 인간에 대한 환경·건물과 열의 이동

또한, 외부에서 침입하는 유해 물질 등의 제거나 조정 기능도 건물이나 설비 시스템에 요구되는 사항이지만, 실내가 쾌적하게 유지되도록 하는 것도 요구된다. 그러나 사람의 연령이나 생활 양식에 따라 쾌적한 조건도 다르며, 대응하는 수법이 다양한 것도 주택 설비의 특색이다. 제3장에서 설명하는 주택의 온열 환경 기준이 폭넓은 값으로서 기술되어 있는 것도 이러한 까닭이며, 냉·난방 설비에 요망되는 기능에 다양한 요구가 있다는 것을 충분히 인식하는 것도 중요하다.

그림 1-2는 주택의 종류에 따른 주요 내구 소비재의 보유 상황이 어떻게 되어 있는가를 나타낸 것이다. 냉·난방에 사용되는 룸 에어컨, 전기 카펫 등의 보급률이 높아, 주택의 에너지 소비량 증가가 예측된다. 최근에는 이와 같은 경향에 편리성, 쾌적성에 대한 요구도 강해지고 있다. 앞으로는 에너지 절감과 지구촌의 환경 보전을 도모하는 것도 매우 중요하므로 집합 주택의 냉·난방 설비의 계획시, 쾌적성과 에너지 절감을 겸비한 시스템 설계와 시공, 관리가 필요 조건이 될 것이다.

룸 에어컨

주택 등의 비교적 작은 방을 냉·난방하는 기기이며, 냉방 전용, 냉방·제습용, 냉·난방 겸용 등이 있다. 룸 쿨러, 룸 컨디셔너라고도 한다.

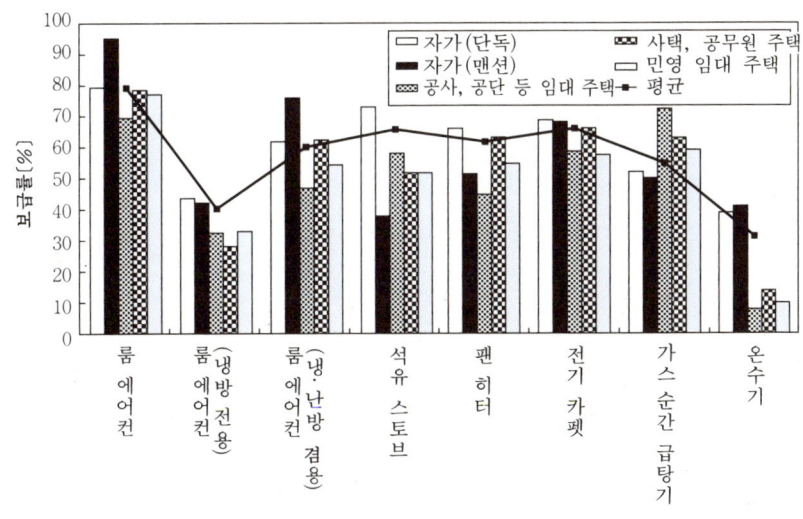

그림 1-2 주택의 종류에 따른 주요 내구 소비재의 보유 상황[1]

2　본 서의 활용에 대하여

**이 책의
적용 범위와 용어**

주호의 대상은 중·고층의 집합 주택으로 한다. 용어로서는 공기 조화·위생공학회의 용어 사전에 따르지만, 메이커 등의 이름이 통칭으로서 쓰이는 것에 대해서는 그것들을 준용하였다.

본 서의 대상은 단독 주택을 제외한 중·고층의 집합 주택으로서, 기술의 수준(그레이드)면에서

- 최저 : 법적으로 최저 한도를 필요로 하는 수준
- 표준 : 일반적으로 필요로 하는 수준
- 유도 : 장래에 필요로 하는 수준

의 3단계로 생각한다. 본 서에서는 이들 중 지금보다 나은 주택의 질적 수준 향상에 주안점을 두고 표준 또는 유도 수준으로 하여, 가급적 최신 정보를 많이 담도록 하였다. 각 장 및 항목에서는 다음 사항을 기본으로 하였다.

[1] 대상으로 하는 주택

**각 호 계량
각 호 타입**

각 주호의 주거자가 자신의 책임으로 유지 관리하는 것을 기본으로 하며, 에너지의 사용량 등이 개별적으로 계량·구분되는 타입을 말한다. 분양할 경우에는 재산 구분 상에서도 중요하다.

주택의 형태로서는 단독 주택과 집합 주택이 있으며, 각각의 형태에 따라 주택 설비에 요구되는 성능도 다양하다. 이러한 점에서 본 서를 활용하여 냉·난방 설비를 계획 및 설계할 때에는 그 대상으로 하는 주택을 어느 정도 한정하고, 단독을 제외한 중·고층(20층 정도)에서 표준적인 주호를 설정하였다.

대상 범위는 각 호 계량·각 호 타입으로 하여, 주로 각 주호를 다루고 공유 부분은 생략하였다. 또한, 설비의 형태로서는 건물에 고정 또는 일체화되는 시스템으로서, 사람이 자유롭게 이동할 수 있는 전기 스토브나 석유 팬 히터 등은 제외했다.

[2] 건물의 조건

냉·난방 부하

실내를 난방하거나 냉방하기 위해 공급하거나 제거하는 열량이며, 이들의 값을 산정하는 것을 부하계산이라 한다. 상세한 것은 제4장의 건물과 관련된 냉·난방 부하를 참고할 것.

주택의 온열 환경에 관계되는 자연 환경 인자를 장소로 보면 기상·지리·입지 조건 등이 있다.

한편, 건물로 보면 건축 플랜·구조·공법·단열 방법 및 실내의 온도 기준 등에 크게 좌우되며, 어느 정도의 냉·난방 부하가 있는가를 산정하지 않으면 시스템이나 기기의 선정이 불가능하다. 이 때문에 표준 플랜에 준하여 냉·난방의 부하 계산 순서를 나타내고 있다.

일본의 새로운 에너지 절감 기준에서는 전국을 6개 지역으로 구분하고 있으며, 건물로서 요구되는 성능을 기준으로 제시하고 있다.

**새로운 에너지
절감 기준**

건물 내에서의 에너지 소비량을 절감하는 것을 목적으로 정해진 일본의 법률이다. 상세한 것은 제4장의 주택의 에너지 절감 기준을 참고할 것

본 서에서는 냉·난방 부하를 예측하는 조건을 최적으로 생각하고, 이 기준을 바탕으로 계산을 추진하여, 일본의 대표적인 지역에서의 산정 결과를 나타냈다. 또한 세계의 온열 환경 기준도 제시하였다.

[3] 냉·난방 설비의 계획

냉·난방 설비의 계획에서는 기본 구상, 기본 계획, 실시 계획과 각 단계에 따라 작업을 추진하는 예도 많지만, 본 서에서는 보다 작업을 간명하게 하기 위하여, 모든 조건의 정리와 목표 설정을 2단계로 하고, 각 단계별로 구체적인 설계를 해나가는 순서로 하였다.

상세하게는 계획 순서에 따르고, 구체적으로 검토하는 것이 필요한 항목은 주의 사항으로 나타냈다. 또한 표준적인 냉·난방 방식의 예에 따르고, 각각의 특성을 해설하여 실제로 설계할 경우에 도움이 되도록 하였다.

[4] 설계의 실례와 시스템·기기

냉·난방 설비를 에너지원·규모·시스템·기기 등으로 분류할 경우, 매우 많은 종류가 있다. 현재의 집합 주택에서는 전기와 가스를 에너지원으로 하며, 냉매를 이용한 룸 에어컨이나 온수를 이용한 방사 바닥 난방이 많이 채용되고 있다. 이들로부터 일반적으로 채용되고 있는 에너지원이나 기기를 채용한 설비 설계의 실례와 각각의 특성을 참고 예로 제시하였다.

냉매

냉동기 내에서 열을 흡수하거나 방출하는 물질이며 프레온이 대표적이다. 최근에는 오존층 파괴로 대책이 시급하다.

[5] 시공과 유지 관리

냉·난방 방식을 매일 정상적으로 가동하려면 시공과 일상의 유지 관리가 중요하게 된다. 이것을 기초로 각 방식별로 시공과 관리에 대하여 중요하다고 생각되는 항목을 설명하였다. 물론 최적으로 시공된 시스템이라도 주거자의 사용 방법 오류로 부적절하게 운전되는 예도 많기 때문에, 사용자에 대한 충분한 설명과 일상적으로 실시하는 간단한 보수 점검의 중요성도 제시하였다.

방사(복사) 바닥 난방

바닥의 표면 온도를 25~30℃ 정도로 가열하여, 바닥 면으로부터의 방사(복사)열로써 난방하는 방식이며, 상세한 것은 제6장의 온수 난방 설비를 참조할 것

제2장

주택의 냉·난방 설비

1 주택의 냉·난방 설비의 특색과 주요 기기

공기 조화 설비

사무실 건물 등에서 공기의 질을 포함한 공기의 조정을 목적으로 하는 설비를 「공기 조화 설비」라 부른다.

주택의 냉·난방 설비는 다른 건물, 예를 들어 사무실 건물이나 공공 시설 등의 공기 조화 설비와 비교하면 다음과 같은 차이가 있다.
- 사람이 24시간 생활하면서 사용하는 공간이다.
- 연령이나 성별에 따라 생활 환경이 크게 다르다.
- 외부의 자연 환경이 실내 환경에 밀접하게 영향을 준다.
- 냉·난방 설비와 환기 설비가 시스템으로서 일체화되지 않은 예가 많다.

이와 같은 특징이 있는 주택에서, 이제까지 어떠한 냉·난방 기기가 사용되어 왔는지, 내구 소비재의 보급률 면에서 본 것이 **그림 2-1**이다. 룸 에어컨의 본격적 보급은 3C(자동차, 쿨러, 컬러 텔레비전)의 시대라고 불린 1967년경부터 시작되어 현재는 전세계 평균적으로 80% 이상 보급되어 있다. 이에 대하여 석유 스토브는 1979년의 92%를 절정으로 그 후 감소 추세이며, 최근에는 65%를 밑돌고 있다. 일본에 있어서 난방 설비는 석유 스토브에 의한 난방에서 팬 히터나 전기 카펫 등으로, 냉방 설비는 냉방 전용 룸 에어컨에서 냉·난방이 한 대로 이루어지는 룸 에어컨으로 옮겨지는 경향임을 읽을 수 있다. 이러한 경향은 앞으로 냉·난방 설비에 대하여, 주거자의 취향에 따라 한층 편리하고, 안전·쾌적하며, 자유로운 운전이 가능한 시스템이 요구된다는 것을 나타내고 있다.

또한, 최근에는 에너지 절감을 목적으로 하고, 건물을 고기밀·고단열로 하기 위하여 환기도 중요한 요소로 되고 있다. 앞으로는 공기의 질도 제어할 수 있는 환기 설비와 냉·난방 설비도 충분히 검토할 필요가 있다.

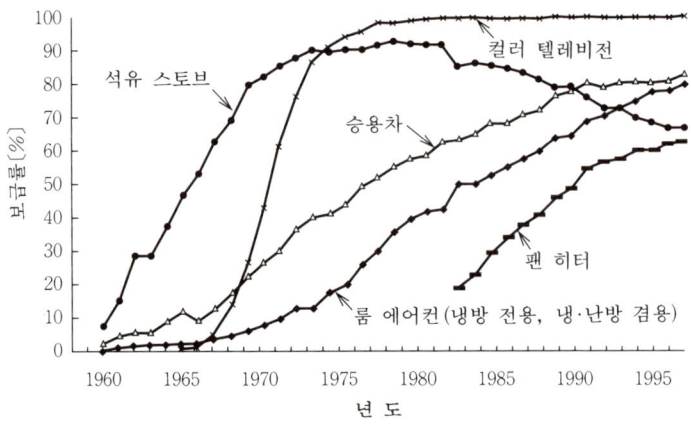

그림 2-1 주요 내구 소비재 등의 보급률[1]

2 냉·난방 설비의 검토

냉·난방 설비를 계획·설계하려면 주거 환경에 관한 항목, 주거자의 생활 양식, 시스템에서 요구되는 성능의 3항목을 관련지어 검토할 필요가 있다.

[1] 주거 환경

- 환경의 요소(온도·습도·기류·방사·공기·오염 물질·결로·소리·빛·색깔·물 등)
- 환경의 대상(방·주거 구역·비주거 구역 등)
- 환경의 성능(최적 범위·허용·한계값 등)
- 환경의 목표(안전·건강·쾌적·편리성 등)
- 주변의 환경(경관·근린·주위와의 조화 등)

[2] 주거자의 생활 양식

- 주거자 상(독신·다세대·어린이·장애자·고령자 등)
- 생활 행위(오락·수면·입욕·식사·생활 방식 등)
- 주거 심리(프라이버시·커뮤니케이션 등)

[3] 시스템 성능

- 에너지의 종류(전기·도시 가스·등유·프로판 가스·태양광·물 등)
- 시스템의 종류(난방·냉방·냉난방·바닥 난방·가습·제습·건조·환기·공기 청정 등)
- 시스템의 설치 장소(스페이스·경관·진동·소음·유지 관리 등)

위의 (1)~(3) 항목을 관련지어 검토하고, 그 건물에 최적이라고 생각되는 냉·난방 설비를 계획·설계하는 것이 중요하다.

이들의 검토 결과로서 다음과 같은 점을 만족시키는 집합 주택을 계획하는 것이 바람직하다.

> ◎ 안전·건강·쾌적·편리하고 개별 제어성이 높은 시스템일 것
> ◎ 초기 비용, 러닝 비용이 모두 낮으며, 에너지가 절약되고 환경 보전성이 높은 시스템일 것
> ◎ 유지 관리·보전이 용이한 시스템일 것
> ◎ 건축 플랜과 잘 융합되고 경신(更新)이 용이한 시스템일 것

경신(리뉴얼)

설비가 낡으면 효율이 저하되고 고장의 증가, 경제적 가치의 저하 등이 일어난다. 이와 같은 건물을 파손하지 않고 새로운 기술로서 개선하여, 다시 사용 가치를 부여하는 것을 목적으로 보수하는 것을 말한다.

3 냉·난방 설비의 계획

주택은 심신의 편안과 내일의 활력을 만들어내는 곳이므로 그 곳에 주거하는 사람의 생활 환경을 적절하게 유지할 필요가 있다. 생활 환경의 하나인 온열 환경을 양호하게 유지하려면 단열, 기밀, 일사 차폐 등의 건축적 내용과 냉·난방 설비의 양면에서 적절한 대응이 요구되는데, 여기에서 냉·난방 설비를 계획함에 있어서의 기본 사항을 정리해 보면 표 2-1과 같다.

표 2-1 냉·난방 설비 계획시 유의 사항

(1) 안정성·건강성	1) 안전할 것 2) 실내 공기를 오염시키지 않을 것
(2) 쾌적성·편리성	1) 균일한 온도 분포일 것 2) 표시가 알기 쉽고 조작이 용이할 것 3) 운전 소음이 적을 것 4) 건축과 잘 융합되어 있을 것 5) 생활 수준의 향상·생활 방식에 적합할 것
(3) 경제성	1) 급탕 설비 등과의 조합 검토 2) 적절한 능력의 기기 선정
(4) 에너지 절감·환경 보전성	1) 자연 에너지 등의 활용
(5) 유지관리·보전성	1) 내구성과 경신성을 배려할 것 2) 유지 관리성을 배려할 것

[1] 건강하고 안전할 것

① 연료 기기를 갖는 설비에 대하여

냉·난방 설비의 연소 기기는 불완전 연소에 대한 안전 장치나 진동에 대한 연료 차단 기구 등을 구비하며 배관 등 주변 기기를 포함하여, 그 설치에 대해서는 충분히 안전하게 배려해야 한다. 연소 기기는 주호 또는 주동 1개소에 집중시키는 주호 중앙 방식, 주동 중앙 방식이 있다. 주동 중앙 방식은 화기를 감소시키거나 또는 화기를 주호로부터 몰아낼 수 있는 시스템이다.

② 발코니에 실외기를 설치할 경우에 대하여

실외기 등을 발코니에 설치할 경우는 2방향 피난의 확보, 어린이의 발걸림 전락 방지 등에 주의해야 한다.

③ 방화 구획을 관통하는 배관이 발생할 경우에 대하여

방화 구획을 관통하는 배관 등은 관련 법규를 준수하고, 불의 번짐을 방지하기 위한 구획 처리를 적절하게 한다.

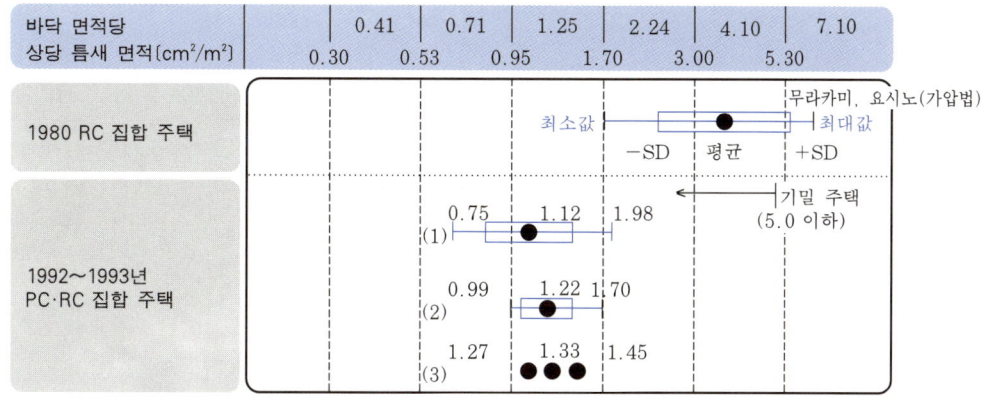

바닥 면적당 상당 틈새 면적[cm²/m²]		0.41	0.71	1.25	2.24	4.10	7.10
	0.30	0.53	0.95	1.70	3.00	5.30	

(1), (2), (3) 기밀 주택의 실내 환경 향상에 관한 연구 보고서(감압법) 1993, (재)베터 리빙

※ 주택에 관련된 에너지 사용의 합리화에 관한 건축주의 판단 기준(H4.2.28 통산성/건설성 고시 제2호)

(또한, 가압법에 의한 측정 결과는 감압법을 사용한 측정 결과보다 틈새가 약간 크게 평가되는 경향이 있다)

그림 2-2 주택의 기밀 성능 추이

④ 실내 공기를 오염시키지 않을 것

최근, 주택의 에너지 절감법 개정으로 고기밀화·고단열화가 매우 진전되어 있다. 고기밀화의 경향을 **그림 2-2**에 나타냈는데, 그 결과 환기 부족 등의 문제가 염려되고 있다. 따라서 적절한 환기가 요망되는 동시에, 난방 설비는 연소 가스를 실내로 배기하지 않는 등, 실내 공기를 오염시키지 않는 기기(룸 에어컨이나 FF식 난방기, 온수식 난방 설비, 패널 히터 등)로의 대응이 중요하다. 당초, 이들의 기기를 설치하지 않을 경우라도 FF식 난방기용 슬리브나 냉·난방 설비용 전기 콘센트 및 온수 콘센트(온수 난방용) 등을 후(뒤)설치에 대응할 수 있도록 해둘 필요가 있다.

[2] 쾌적하고 편리성에서 뛰어날 것

① 균일한 온도 분포일 것

온도 분포는 건물의 단열·기밀 성능에 힘입는 바가 크지만, 콜드 드래프트나 얼굴은 화끈한데 발 밑이 차다는 것과 같은 수직방향 온도 분포의 불균형 또는 역전이 일어나지 않도록 하는 것도 중요하다. 또한, 난방중인 거실과 탈의실·화장실 등과의 큰 온도차에 따르는 히트 쇼크를 방지한다는 의미에서, 거실과 거실간 또는 거실과 비거실간의 온도차를 작게 하는 것이 요구된다(그림 2-3).

② 표시가 알기 쉬우며 조작이 용이할 것

리모콘 등의 조작반은 최근에 냉·난방 기능에 대한 요구의 다양화와 IC의 보급으로, 소형화 및 다기능화되고 있다. 그러나 고령화 사회에 대응하여 표시는 크게 하며 보기 쉽고 손쉬운 조작이 요구된다.

주택의 고기밀화

주택의 고기밀화에 의해 결로, 곰팡이, 포름알데히드 등의 유기용제 및 농도 문제 때문에, 공기질 확보를 위하여 기계식 계획 환기가 주목받고 있다.

**FF식 난방기
(forced draught
balanced flue)**

급배기용 송풍기로써 강제적으로 옥외로부터 취입한 공기로 연소시켜, 연소 가스를 옥외로 배출하는 난방 방식이며, 실내의 공기를 사용하지 않는다.

슬리브

배관 등이 벽이나 바닥을 관통할 경우, 그 영역 넓이를 확보하기 위한 파이프

콜드 드래프트

겨울철, 실내에 저온의 기류가 유입되거나 유리등의 냉벽면으로 냉각된 냉풍이 흘러내려서 인체에 접촉하여 불쾌감을 주는 현상

히트 쇼크

난방실과 비난방실과의 온도차로 인한 생리상 불쾌한 열 스트레스. 착의량이 적은 욕실·탈의장·화장실에서 일어나기 쉽다.

IC(집적회로)

실리콘의 작은 조각 위에 트랜지스터, 다이오드, 저항 등의 소자를 내장한 회로

컨벡터

대류에 의해 열의 대부분을 방출하는 난방에 쓰이는 장치. 대류 방열기라고도 한다.

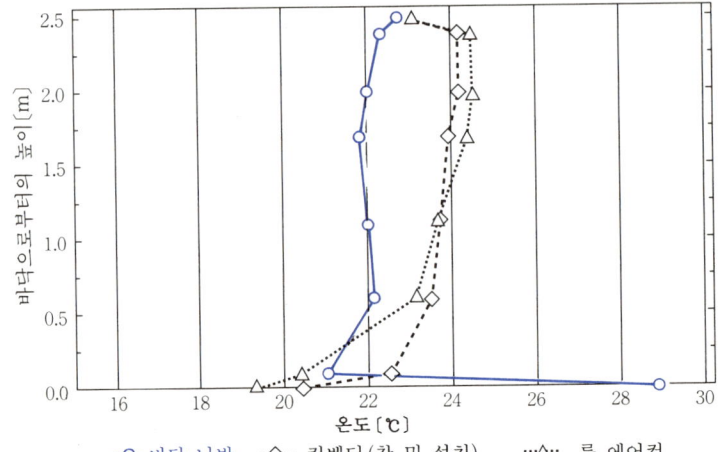

—○— 바닥 난방   ···◇··· 컨벡터(창 밑 설치)   ···△··· 룸 에어컨
제어 : 높이 0.6m에서의 PMV=0   단열성 : 새 에너지 절감 기준

그림 2-3 난방 방식과 실내 온도 분포[3]

③ 운전 소음이 적을 것

주택의 실내 허용 소음 레벨은 30~40dB(A) 이내로 하는 것이 일반적으로 요구되지만, 조용한 입지의 경우나 침실의 근처에서는 더욱 낮게 요구되는 수도 있다. 룸 에어컨의 실외기나 실내에 보일러를 설치할 경우에는 주위에 소음원으로 되지 않도록 기기 선정, 기기 배치, 설치 방법 등을 배려해야 한다.

④ 건축과 융합되어 있을 것

난방 설비를 설치할 경우, 기능면에서의 검토는 물론이며 건축과의 관계 역시 중요하다. 예를 들어, 발코니나 공용 복도에 룸 에어컨 실외기나 냉매관·드레인 파이프를 설치할 경우, 건축 의장을 손상시키지 않도록 배려한다. 또한 실내에 설비 기기를 설치할 경우, 가구 배치나 사람의 동선을 배려하고, 덕트와 배관 때문에 천장이 내려가지 않도록 한다. 보(beam)를 덕트나 배관이 관통할 경우, 위치나 수량 등에서 건물의 구조적 강도를 해치지 않도록 배려해야 한다.

⑤ 생활 수준의 향상이나 생활 방식에 적합할 것

생활 수준의 향상과 더불어 편리성과 쾌적성에 대한 요구도 높아지고 있다. 냉·난방은 단순히 손발을 따뜻하게 하는 화로로부터 실 단위의 냉·난방, 주호 전체의 냉·난방으로 그 범위가 확대되어 왔으며, 동시에 적절한 환기를 겸해야 할 목적으로 주택의 '공조' 설비까지 요구되고 있다. 또한, 생활 방식의 다양화로 주택이 24시간에 걸쳐 생활의 장으로 될 경우나, 반대로 외출 시간이 길어 집에 있는 시간이 짧아지는 경우도 있으므로 냉·난방 성능에 있어서도 에너지 절감성이나 기동 성능 등, 개개의 성능에서 요망되는 우선 순위에도 적절한 대응이 필요하다.

[3] 경제적일 것

① 급탕 설비 등의 다른 설비와의 조합

주택에서는 냉·난방, 급탕, 조명 등의 설비를 요하지만, 급탕과 냉방 등, 몇 가지 기능을 통합한 시스템도 생각할 수 있다. 특히, 욕실 환기 건조기나 욕조의 추가 가열 기능 등을 도입할 경우, 비용 문제가 발생하는데, 이 경우 설비의 통합화로 기능에 대응하는 시스템을 구축하는 것이 중요하다(그림 2-4).

② 적절한 능력의 기기 선정

냉·난방에 관계되는 러닝 비용을 억제하려면, 우선 건물의 단열 성능이나 일사 차폐 성능을 높이는 것이 중요한데, 설비 기기는 고효율인 것이 요구된다. 최근에는 제어 방식을 포함하여 기기의 효율은 향상되고 있는 한편, 각종 퍼스널 컴퓨터용 부하 계산법이 정비되어 있다. 부하 계산에 바탕을 둔 적절한 용량의 기기 선택이 필요하다.

> **러닝 비용(운전비)**
>
> 설비의 운전에 직접 관계되는 비용이며, 전력비, 연료비, 상·하수도비, 관리 인건비, 유지 수리비 등으로 구성된다.

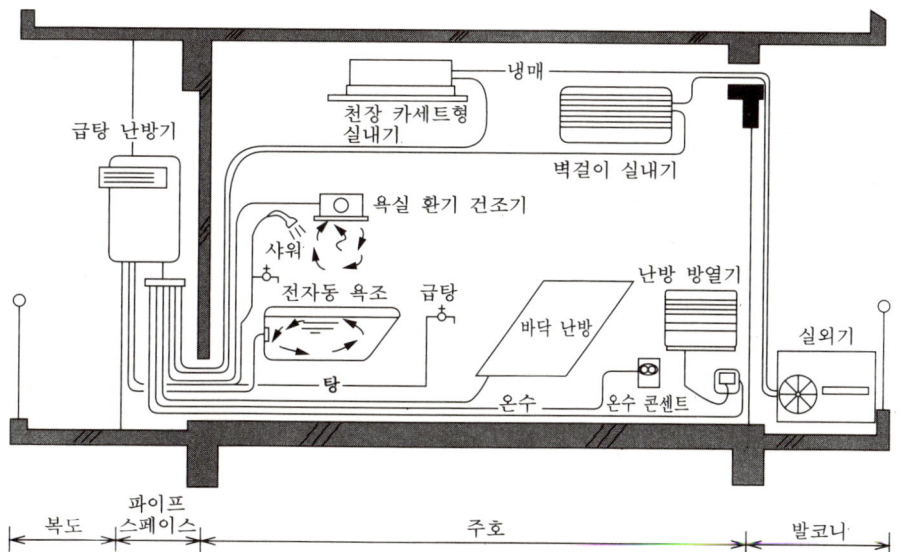

(파이프 스페이스 내에 설치한 가스 급탕 난방기로 만든 온수에 의해 주호 내의 급탕·욕조의 탕을 추가하여 가열·난방·욕실 환기 건조를 하고, 발코니 등에 설치한 실외기로부터의 냉매에 의해 냉방을 하는 시스템)

그림 2-4 냉·난방과 급탕 설비의 통합 예

[4] 에너지 절감·환경 보전성에 뛰어날 것

최근, 가정에서의 에너지 소비량은 증가 추세에 있으며, 지구촌의 에너지 절감·환경 보전성이 강력히 요망되고 있다. 그러므로 냉·난방 설비 역시 이에 따르는 적극적인 대응이 요구되고 있다. 냉·난방 설비에서는 기기의 효율화와 함께, 그림 2-5와 같은 자연 에너지 등의 활용이나 에너지의 다단계 이용이 실용

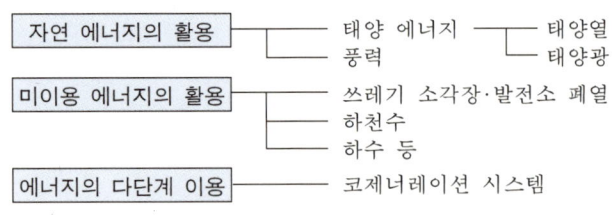

그림 2-5 활용이 요망되는 에너지 절감 기술

화되고 있으며, 적극적인 도입 검토가 필요하다.

태양 에너지는 주로 급탕을 목적으로 이용되고 있는 예가 많지만, 히트 펌프와의 조합에 의한 냉·난방 시스템, 발전과 집열 기능을 함께 갖는 솔러 시스템, 태양 전지와 상업용 전원을 병용한 룸 에어컨 등으로서 활용되는 예도 있다. 쓰레기 소각열 등(하천수·하수·발전소 등) 미이용 에너지를 이용한 급탕 난방은 인근에 소각장 등의 조건이 갖추어지면, 유능한 시스템 구축이 가능해진다.

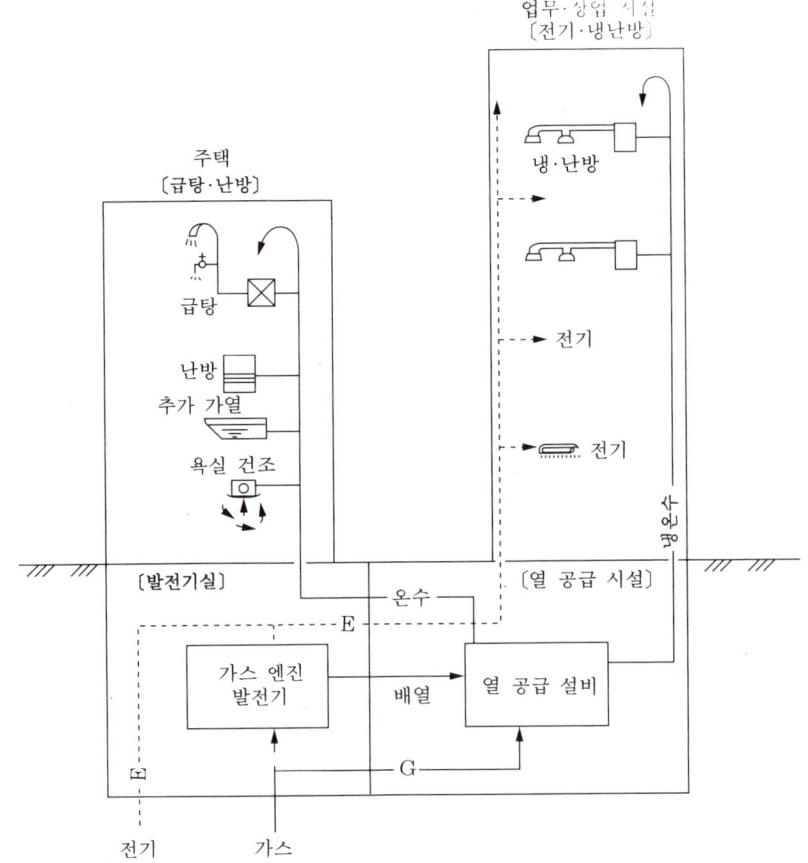

(가스 엔진 등에 의하여 발전을 하고, 발생하는 폐열을 급탕이나 냉·난방에 이용하는 시스템)

그림 2-6 코제너레이션 시스템의 예

또한, 발전과 함께 폐열을 급탕·난방에 이용하는 코제너레이션 시스템과 같은 에너지의 다단계 이용이 이루어지는 예도 있다(그림 2-6).

[5] 유지 관리·보전성에 유의할 것

① 경신성을 배려할 것

일반적으로 설비 기기는 경년(經年) 열화나 후속 기기의 고성능화 등에 의해, 10~15년을 주기로 교환을 생각해야 하는데, 기기나 배관의 위치에 따라서 건축 내장재의 교체를 수반하는 등, 설비 이외의 비용도 관련되므로 점검구나 메인티넌스 공간은 물론, 개축시나 경신시의 대응을 검토해 두는 것이 중요하다.

② 유지 관리성을 배려할 것

일반적으로 주택의 경우, 항상 전문 지식을 가진 관리자가 상주하는 것이 아니기 때문에 조작이나 일상의 관리가 간단하고, 고장이 적어 쓸 만한 기기, 내구성이 뛰어난 기기를 설치하는 것이 바람직하다. 분양 주택의 경우, 공공 소유 부분의 유지 관리는 주거자로 구성되는 관리 조합에 의하는 것이 일반적이며, 전문 기술이 필요한 중앙 방식의 시스템을 채용하기 위해서는, 유지 관리의 백업 체제를 포함한 계획이 필요하다.

코제너레이션 시스템

연료를 연소시켜 엔진이나 가스 터빈을 구동하여, 전력 또는 기계적 일을 발생시키면서 이들의 기관 폐열을 냉난방·급탕·산업용 열원으로 이용하는 시스템

제3장

주택의 온열 환경

1 기본적인 개념

[1] 환경 요소와 환경 조건

일본의 냉·난방 설비는 2차대전 후 업무용 건물을 중심으로 크게 발전하였고, 현재도 주택에 있어서 급속한 보급 추세에 있다. 그러나 업무용 건물의 냉·난방 설비의 목적은 작업 또는 생산 환경의 효율화 및 쾌적화에 있는 반면, 주택의 냉·난방 설비는 생활 환경의 건강화, 쾌적화를 목적으로 하고 있기 때문에, 업무용 건물과는 달리 주택의 특징을 배려한 것이어야 한다.

주택의 특징은 그 대상이 24시간의 생활 행위 및 유아에서 노령자까지의 각 연령층에 대응하는 것으로, 사회적 환경의 변화나, 개인의 생활 방식에 크게 영향을 미치는 것이다. 더욱이, 1973년의 오일 쇼크 이후의 에너지 절감 대책과 지구 환경 보전을 목적으로 한 CO_2 삭감의 방책으로 에너지 절감 주택이 요구되고 있다.

건물의 온열 환경으로 볼 때, 환경 조건으로서의 온도, 습도, 기류, 방사, 먼지 등의 공기질 등의 물리적 요소가 그 지표로 된다. 그 중「냉·난방 설비」라고 정의할 경우, 환경 조건의 물질적 요소 중 특히 온도에 대해서 제어하는 것을 주안점으로 하고 있는데 비해,「공기 조화 설비」라고 정의할 경우에는 제어할 환경 요소로서 온도 이외에 습도, 기류, 공기질 등의 요소에 대해서도 적절하게 제어하는 것이 요구된다.

종래, 주택의 냉·난방 설비는 업무용 건물에 적용되는 공기 조화 설비와는 달라, 주택 특유의「생활 방식」에 맞는 설비를 고려할 필요가 있으며, 업무용 건물의 공기 조화 설비로서 생각하기에는 아직 많은 과제가 있다. 따라서, 주택에는 온도 이외의 환경 요소에 대해서는, 냉·난방 설비의 방식에 의하여 반드시 제어 가능한 것은 아니다. 그래서 이 책에서의 온열 환경 기준은 구체적으로 온도 기준에 대해 설명하였고, 그 밖의 항목에 대해서는 참고 자료 등을 참조하기 바란다.

[2] 주거 환경과 온도 기준의 현황

주택설비 소위원호

본 지침의 원안을 작성한 주택설비기술지침작성위원회의 전신인 위원회이다.

일본의 공기 조화·위생공학회 주택설비소위원회의 보고에 의하면, 주택의 특징은, 냉·난방 관련의 설비 기기가 주거자의 생활 행위와 깊은 관계가 있으며, 더구나 24시간을 대상으로 하고 있다는 것이다. 또한, 종래의 환경 기준은 건강한 자를 대상으로 한 것이 많은데, 주택은 업무용 건물과는 달리, 고령자, 신체 장애자, 환자, 유아 등도 그 범위로서 특별한 주의를 기울일 필요가 있

표 3-1 생활 행위와 설비

설비 ＼ 생활 행위 분류	취침	입욕·배설	식사	옷입기·치장하기	가사노동	공부	교제	단란	휴식
컨벡터	○		△	○	△	○	○	○	○
패널 라디에이터	○	△	△	○	△	○	○	○	○
온풍 난방기	○		△	○	△	○	○	○	○
바닥 난방 패널	○		△	○	△	○	○	○	○
룸 에어컨	○		△	○	△	○	○	○	○
전열 교환기	△			△		○	○	○	○
환기 구멍	○	○		○	○	○	○	○	○
레인지 후드 팬			○		○			△	
급수 탱크		△	○		△				
급수 시스템		△	○		△				
보일러		△			△				
오일 탱크		△			△				
전기 온수기		○	○		△				
순간식 가스 온수기		○	○		△				
온수 탱크		○			△				
밀폐식 목욕 솥		○			△				
세면기		○							○
화장실		○							
비데(bidet)		○							
수세기		○							
욕조		○						△	○
혼합 수전·수전		○	○						
센트럴 청소					○				
먼지 진공관 수송					○				
세탁기					○				
의류 건조기				○					
드라이어				○					
냉장고			○						
식기 세척기			○		○			△	
키친			○		○			△	
가스 레인지			○		○				

○ 관련 깊다
△ 관련 있다

다. 설비 기기와 생활 행위의 관계는 주택설비위원회에서 검토되고 있으며, 냉·난방 기기가 취침, 식사를 비롯한 광범위한 생활 행위와 밀접한 관련이 있음을 알 수 있다(표 3-1 참조).

최적의 온도 환경을 위해 기본적으로 온도 설계조건이 적절하고, 그 조건에 따라 산출된 냉·난방 부하에 맞는 냉·난방 기기 및 시스템으로 운전 제어가 가능해야 한다. 문헌에 제시된 냉·난방 설계조건으로서의 온도는 일부를 제외하고, 온도 범위로서 제시되어 있으며, 지역, 거실별, 대상자 등의 조건을 설정하고 있다. 냉방 온도는 26~27℃(DB)에서는 거의 일정한 범위로 설정되어 있지만, 생활 행위에 관계되는 실별로 정하고 있는 예는 적다. 또한, 난방 온

DB(건구 온도 : drybulb temperature)

실제 공기의 온도이며, 공기의 습도와는 관계가 없다.

WB(습구 온도 :
wetbulb
temperature)

온도계의 감온부를 물
로 축축하게 적신 거즈
로 싼, 습도 온도계로써
측정한 온도이며, 물의
증발 때문에 건구 온도
에 비하여 낮은 값을
나타낸다.

도는 출전에 따라 달라, 난방 부하 산출조건으로서의 경향을 헤아릴 수 있다.

또한, 습도가 60~80%(여름), 40~50%(겨울)로 변화하는 경향을 알 수 있다.

최근에는 고령자나 신체 장애자를 위한 냉·난방 온도 기준이 제시되어 있다. 고령자와 신체 장애자의 온도 기준은 거의 비슷하지만, 일반적인 기준과 비교하여 겨울에는 약간 높게, 여름에는 약간 낮게 설정하며, 또 그 허용폭이 작은 것도 특징으로 되어 있다. 또한, 실간의 온도차가 적은 편이 좋으며, 일반 거실 이외에도 욕실, 탈의실, 화장실 등의 온도 기준도 제시되어 있다(그림 3-1 참조).

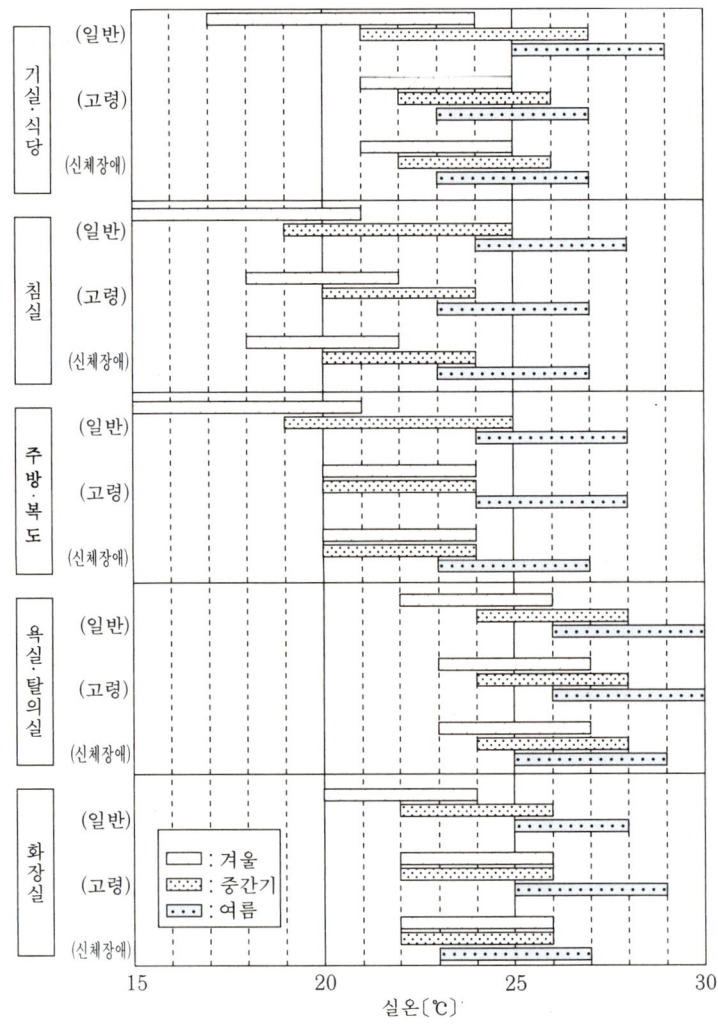

그림 3-1 주택의 냉·난방 온도 기준

2 실내 온도 기준

주택에서는 온도 기준을 하나로 정하는 것이 개인의 생활 방식, 연령, 남녀 간의 차이 등의 여러 가지 요인 때문에 매우 곤란하다. 최근에는 쾌적성을 고려한 예측 평균 신고(PMV)에 의한 평가 수법을 도입한 새로운 설계 목표값이 검토되고 있는데, 주택은 업무용 건물에 비해, 냉·난방 설비에서 요구되는 조건이 크게 달라, 그 특수성에 의한 설계 목표값만으로 결정하기란 쉽지 않다.

이와 같은 점에서 주택의 실내 온도 기준은 실내 환경 권장값으로 평가하는 것이 가장 좋다. 구체적으로 쾌적성을 고려한 제어를 목적으로 한 온도 범위와 부하 산출을 목적으로 한 설계 목표값으로서의 실내의 설계 온도로 나누어 설정한다. 또한, 건강한 자, 고령자, 신체 장애자에게도 배려가 필요한데, 이 경우 냉·난방 설비 시스템과의 정합이 필요하다. 표 3-2에 실내 온도 권장값을 제시했는데, 온도 범위는 그림 3-1에 나타낸 냉·난방 설계 조건의 온도이며, 생활 행위와의 관계에 의해 설정하는 것이 바람직하다. 유아나 고령자에 배려하고 실간의 극단적인 온도차, 주택 내부 전체의 환기에 주의할 필요가 있다.

PMV(예측 평균 신고 : Predicted Mean Vote)

인체의 대사량(활동량)·착의 조건에 있어, 주위 환경(온도, 습도, 기류, 방사)과의 불균형량을 열 부하로서 구하고, 이것을 인간의 온냉감으로 평가하는 지표이다.

표 3-2 실내 온도 권장값

	난 방	냉 방
설계 목표값	20℃	26℃
온도 범위	12~26℃	24~27℃

3 각국의 열 환경 기준

공기 조화 설비의 설계에 필요한 실내 온도 목표값의 표준화 현상은 선진 각국간에도 거의 통일되어 있지 않으며, 그의 뒷받침이 되는 연구자료가 불분명한 것이 많다. 표 3-3은 여러 나라의 열 환경 기준의 개요에 대하여 설명한 것인데 참고하기 바란다.

clo(클로)

의복의 단열성을 나타내는 단위. 1clo는 온도 21℃, 상대습도 50%, 기류 0.1m/s일 때, 덥지도 춥지도 않은 의복의 단열값이다.

표 3-3 여러 나라의 온열 환경 기준

국 명	규격·기준명	규격의 종류와 내용
미국	UNIFORM BUILDING CODE	건축의 규격(전국 건축법). 일률적으로 70℉ (21℃)를 유지할 수 있는 난방을 갖춘다.
	ANSI/ASHRAE 55-1992	공기 조화의 규격(사람의 생활 공간에 대한 온도 환경 조건). 열적으로 허용되는 작용 온도로서 clo값 별로 최적 작용 온도(실온 권장값 습도 50%)를 설정
영국	BS 5720-1979	공기 조화의 규격(건축물의 기계 환기 및 공기 조화를 위한 기술 기준). 용도 구분에 따른 난방기의 합성 온도의 설계 권장값 21℃를 설정
	BS 5619-1978	신체 장애자를 배려한 주택 설계의 기술 기준
	BS 4467-1978	고령자를 위한 설계에 대한 인체 계측학 및 인간공학 면에서의 권고
독일	DIN 4701	난방 계산의 규격(건축물의 열 부하를 위한 기준). 주택의 표준 실온으로서 20℃를 설정
	DIN 18025	정도가 중한 장애자를 위한 주택 설계에 대한 기초 사항. 거실의 난방 온도를 24℃로 설정
프랑스	DTU P 50-102	난방 계산의 규격(구조물 벽체의 열적 성질, 건축물의 기본적 열손실 및 주거 구역과 주택의 다른 부분의 G값을 계산하는 기준)
EC 위원회	BUILDING PRINCIPLES	건축의 규격(건축 기준). 욕실 외에 난방 실온의 최대값을 19℃로 설정
스웨덴	SBN 1980 KAPITEL 35	건축의 규격(건축 실내 기후). 주택의 작용 온도의 최소값을 18℃로 설정
노르웨이	NS 3031	난방 계산의 규격(단열 : 집중 난방과 환기에 대한 건축물의 소요 에너지와 소요 효과의 계산 방법). 주택은 20~22℃로 설정

제4장

냉·난방 설비의 열 부하

1 건물과 관련된 냉·난방 부하

　추위나 더위 속에서 실내를 쾌적하게 하려고 할 경우, 냉·난방 설비를 필요로하게 된다. 이 설비의 능력을 결정하기 위한 계산을 부하 계산이라 한다. 냉·난방 부하에는 겨울에 실내에서 나가는 열을 난방 부하, 반대로 여름에 실내로 들어오는 열을 냉방 부하라 하며, 각각의 부하는 건축적인 요소에 의한 것과 설비적인 요소에 의한 것으로 대별된다. 건축적인 요소로서는 건물의 단열성(구조체 자신의 열의 전도성)과 기밀성(틈새 바람의 양)에 의해 결정되는 난방 부하가 있으며, 설비적인 요소로서는 실내에 설치되는 조명과 텔레비전 등의 기기나 인체로부터의 발열에 의해 결정되는 냉방 부하가 있다. 난방의 경우, 건물로부터 나가는 열에 대하여 실내에서의 기기 발열은 난방을 돕는 형태로 되기 때문에, 양자의 차가 실제의 난방 부하로 된다. 한편, 냉방의 경우에는 실내로 들어오는 열에 대해 내부 발열은 냉방의 방해로 되기 때문에 양자의 합이 실제의 냉방 부하로 된다(그림 4-1).

　이 절에서는 이와 같은 개념을 정리한 후, 냉·난방 부하를 계산하여 구하기 위해 필요한 사항 및 실제로 계산하는 방법에 대하여 설명한다.

[1] 난방 부하

　난방 부하의 계산은 겨울에 쾌적한 실내 환경을 유지하기 위하여 건물로부

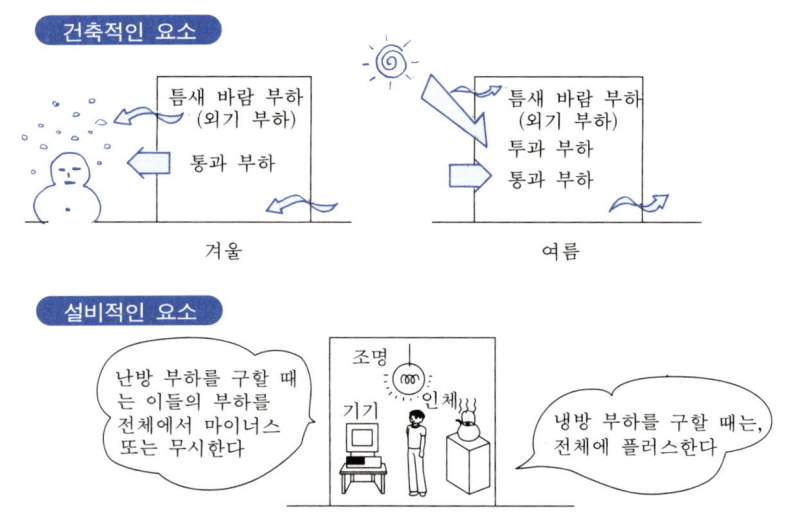

그림 4-1 건물과 관련된 냉·난방 부하

터 잃는 열량을 구하는 일이다. 겨울이라 해도 태양광이 닿거나 실내 설비 기기의 발열 등, 난방을 돕는 요소가 있으며, 계산에 따라서는 어느 정도의 발열량을 미리 계산에 넣는 경우도 있지만 기기의 사용 상황에 따라 발열량이 크게 변하는 경우도 있다.

이러한 경우의 난방 부하는 안전한 상황으로 판단하고, 이 책에서는 건물로부터의 열 손실만을 난방 부하로 하여 해설을 진행한다.

(a) 설계 조건

부하 계산을 하려면 우선, 대상으로 하는 방의 크기나 벽 등의 단면 구성을 파악해야 한다. 이 밖에, 건물이 세워진 지역의 외기 조건과 실내 조건도 염두에 두어야 한다. 난방 부하 계산의 외기 조건이란 그 토지의 최저 외기 온도를 말한다. 이에 대하여, 실내 조건은 온열 환경으로서의 실내 온·습도에 폭을 가지고 정의되고 있지만, 부하 계산을 할 경우에는 일정한 값으로서 조건을 설정한다.

(b) 통과 부하를 구하는 방법

벽 등의 구조체의 열전도에 의해 실내로부터 실외로 유출되는 열을 통과 부하라 한다. 통과 부하를 구하려면 다음 식을 사용한다(그림 4-2).

- 외벽, 지붕으로부터의 통과 부하

  = 외벽, 지붕의 면적×열통과율×(외기 온도−실내 온도)

> **열통과율**
>
> 벽 등을 통과하는 열의 이동성 정도를 나타내는 값. 벽 등을 구성하는 재료의 종류, 두께, 표면의 상태 등으로 변화한다.
> 단위는 $[W/(m^2 \cdot K)]$ $\{ \times 1.16 kcal/(m^2 \cdot h \cdot ℃) \}$

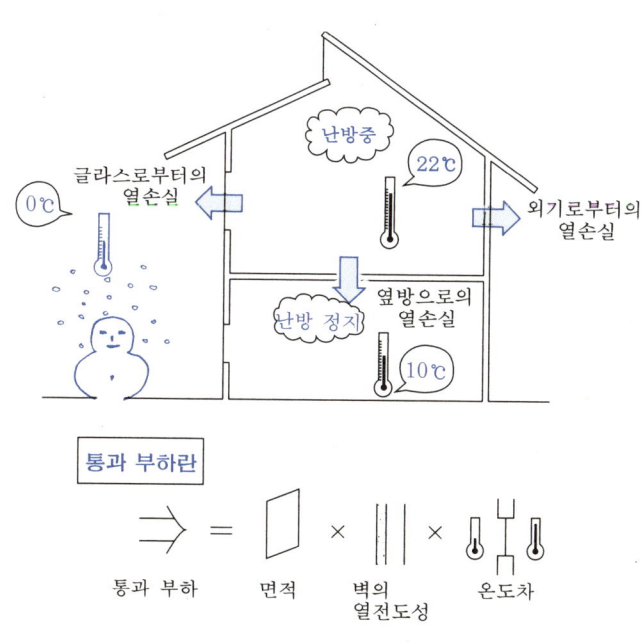

그림 4-2 건물과 통과 부하

- 외기에 접하지 않는 벽(천장, 바닥, 내벽 등)으로부터의 통과 부하
  = 외기에 접하지 않는 벽면의 면적×열통과율
  ×(외기 온도−실내 온도)×옆방 온도차 계수

옆방 온도차 계수

인접한 거실이 난방되어 있지 않을 때, 실내외 온도차에 이 계수를 곱하여 옆방과의 온도차를 가정한다. 집합 주택의 경우는 겨울이나 여름에 똑같이 0.3으로 한다. 비공기 조화 옆방 온도차 계수라고도 한다.

주택에서 옆방과의 온도차는 일반적인 경우 실내 온도차보다 작게 된다. 대개의 경우, 옆방과의 온도차는 불확실하므로 실내외 온도차에 옆방 온도차 계수를 곱한 온도차를 사용하여 통과 부하를 구한다.

현열(顯熱)

물체에 대하여, 상(相) 변화나 화학변화를 수반하지 않고, 온도 변화만을 소비하는 열

(c) 틈새 바람 부하를 구하는 방법

창 새시의 틈새나 문의 개폐로 외기가 실내로 유입하여 난방 부하로 된다. 실내로 들어오는 틈새 바람의 양은 건물의 기밀성이나 사람의 출입 등으로 수치화하기 어려운 요소가 있기 때문에, 간단한 환기 횟수법을 사용하여 현열, 잠열 부하를 구한다(그림 4-3).

- 틈새 바람의 풍량 = 환기 횟수×방의 체적
- 틈새 바람의 현열 부하 = 틈새 바람의 양×공기 비열×공기 비중
  ×실내외의 건구 온도차
- 틈새 바람의 잠열 부하 = 틈새 바람의 양×공기의 증발 잠열×공기
  비중×실내외의 절대 습도차

잠열(潛熱)

물체에 대하여, 온도는 변하지 않고 상(相) 변화만을 소비하는 열. 물의 경우, 얼음으로부터 물로의 융해열이나 물에서 수증기로의 증발열이 이에 해당한다.

(d) 외기 부하를 구하는 방법

방의 공기를 깨끗하게 유지하기 위하여 일정한 외기를 실내로 도입한다. 계산은 틈새 바람 부하를 구할 때와 똑같으며, 틈새 바람의 양을 대신해 외기 도

환기 횟수법

창이나 문으로부터 침입하는 외기량을 산출하거나 환기량을 산출할 때의 계산이며, 환기 횟수에 의해 구하는 방법

환기 횟수

환기하려고 하는 방의 단위 시간의 환기량을 그 방의 체적으로 나눈 값

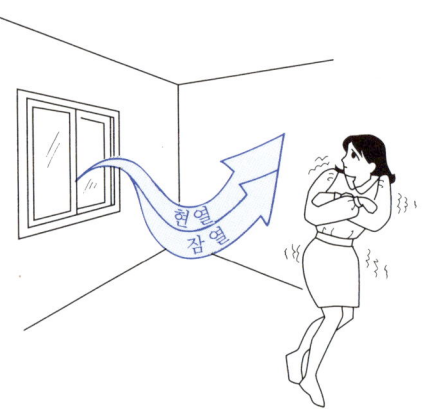

그림 4-3 틈새 바람은 현열과 잠열을 가지고 실내로 들어온다

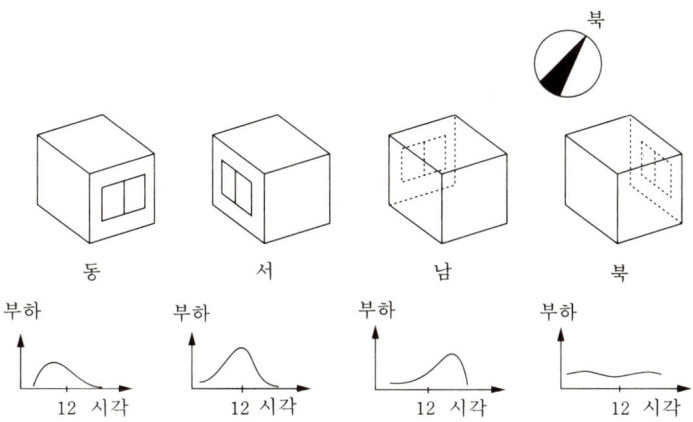

그림 4-4 창의 방위에 따라 냉방의 피크는 변화한다

입량으로 구할 수가 있다.

　외기를 도입하는 방법으로는 창을 손으로 여는 것에서 기계를 사용하는 것까지 다양하다. 최근에는 열교환기 기능을 갖는 환기 팬(전열 교환기 : 全熱交換器)도 주택에 사용되므로 기기의 효율에도 유의할 필요가 있다.

[2] 냉방 부하

(a) 설계 조건

　냉방 부하의 계산은 난방 부하 계산에 있었던 통과 부하나 틈새 바람 부하, 외기 부하와 함께, 태양광에 의한 투과 부하와 실내 기기나 인체 등의 내부 발열에 대해서도 구해야 한다.

　또한, 방의 외기에 면하는 방위나 차양의 유무에 따라서 부하가 최대로 되는 시각을 예측하기 어렵기 때문에 냉방 부하에서는 대표적인 시각을 몇 가지 들어 부하의 최대값을 구한다(그림 4-4).

(b) 통과 부하를 구하는 방법

　통과 부하를 구하는 방법은 난방 부하의 경우와 같지만, 냉방 부하의 경우는 외벽, 지붕으로부터의 통과 부하의 계산에서 일사의 영향을 고려해야 한다. 일반적으로 실효 온도차라고 하는 실내외 온도차에 일사나 열응답을 고려한 가상의 온도차를 사용하며, 이것에 열통과율, 면적을 곱하여 외벽, 지붕으로부터의 통과 부하를 구한다. 이 밖의 벽면에 관해서는 난방 부하 계산과 같다.

　• 외벽, 지붕으로부터의 통과 부하 ＝ 외벽, 지붕의 면적×열통과율
　　　　　　　　　　　　　　　　×실효 온도차

**전열 교환기
(全熱交換器)**

공기 조화에 사용하는 비열 회수용인 공기 대 공기의 열교환기로, 실내에서의 배기와 취입한 외기와의 사이에서 현열만 되지 않고, 공기 중의 수분(잠열)도 동시에 열교환하는 것

실효 온도차

벽의 수열 일사를 고려한 상당 외기 온도에 실내로의 열응답을 고려한 온도차

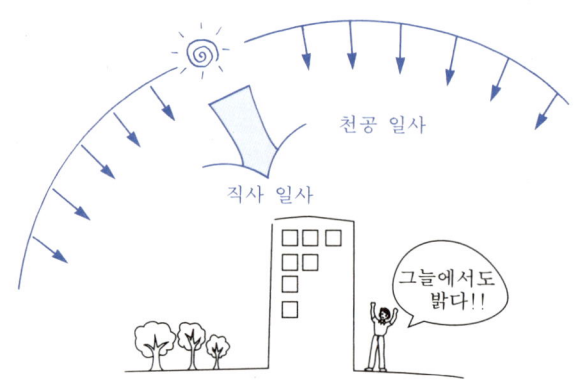

그림 4-5 태양광의 성질

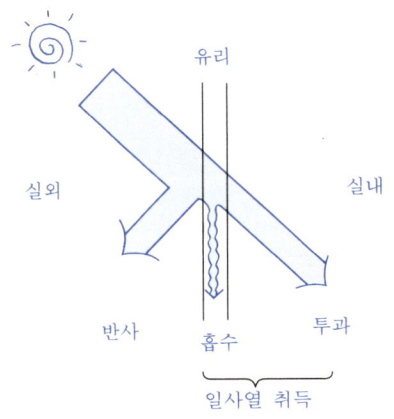

그림 4-6 유리창으로부터의 일사열 취득

- 유리창으로부터의 통과 부하 = 유리창의 면적×열통과율
    ×(외기 온도−실내 온도)
- 외기에 접하지 않는 벽(천장, 바닥, 내벽)으로부터의 통과 부하
    = 외기에 접하지 않는 벽의 면적×열통과율×(외기 온도−실내 온도)×옆방 온도차 계수

(c) 투과 부하를 구하는 방법

일사에는 태양 광선이 직접 벽 등에 닿는 직사 일사와, 대기중의 미립자에 의해 확산하여 공간 전체로부터 닿는 천공 일사가 있다(그림 4-5). 특히 직사 일사의 유무에 따라 방의 냉방 부하는 크게 좌우되며, 직사 일사가 닿지 않는 북측 창이나 차양이 달린 창 등에서도 천공 일사에 의한 투과 부하가 있다. 직

그림 4-7 냉방 부하에는 여러 가지가 있다

사 일사와 천공 일사를 합한 전천(全天) 일사 중, 유리창을 투과하는 성분과 흡수하는 성분을 합한 것, 즉 유리로 반사하는 이외의 일사가 투과 부하의 계산에 필요한 일사열 취득이 된다(그림 4-6).

• 투과 부하 = 유리창의 면적×일사 차폐 계수×일사열 취득

(d) 틈새 바람, 외기 부하를 구하는 방법

틈새 바람이나 외기 부하를 구하는 방법은 난방 부하 계산과 같으며, 계산 시각의 외기 온도, 절대 습도를 조사하여 산출식에 대입하여 구한다.

(e) 내부 발열을 구하는 방법

냉방은 난방과 달라, 실내에 있는 모든 발열량을 냉방 부하로서 가산해야 한다. 내부 발열은 인체, 기기, 조명으로 분류되며, 각각에 현열 부하가 있고, 인체, 기기에 대해서는 발한, 김 등의 잠열 부하가 있다는 것을 잊지 않도록 한다(그림 4-7).

[3] 냉·난방 부하의 계산 방법

구체적인 부하 계산을 하기 전에, 몇 가지의 냉·난방 부하를 구하는 방법에 대하여 해설한다.

손으로 계산을 할 경우, 가장 일반적인 방법으론 최대 부하 계산법을 들 수 있다. 이 방법은 이제까지 해설한 바와 같이, 건물의 단면 구조나 기밀도를 도면에서 읽고, 열통과율, 일사 차폐 계수와 같은 건물의 열적 경계값을 구하여, 특정 시각의 온도차나 일사량 등을 곱하고 합해서 부하를 산출하는 방법이다.

일사 차폐 계수

일사 차폐물에 의해서 차폐된 후에 부하로 되는 비율. 엄밀하게는 방사 성분과 대류 성분으로 차폐 계수를 구할 필요가 있는데, 일반적인 부하 계산에서는 이들을 합한 종합 차폐 계수를 일사 차폐 계수로 총칭하여 사용하고 있다.

이 방법에서는 실내외가 열적으로 안정된 상태에서의 계산 결과를 얻을 수 있다. 한편, 전자 계산기를 이용할 경우도 기본식은 최대 부하 계산법과 같지만, 범용 소프트웨어의 종류나 조건 설정에 따라 결과가 약간 달라지므로 주의해야 한다. 이 방법에서는 실내외의 주기적인 조건 변화를 수시로 계산하기 때문에 손으로 하는 계산에 비해, 보다 현실에 가까운 결과를 얻을 수 있다. 또한, 특정 시각 뿐만 아니라 일적산 및 연간의 냉·난방 부하를 구할 수 있기 때문에, 건물의 에너지 평가도 가능하다.

이 밖에 간이 부하 계산법이 있으며, 주택의 경우에는 다른 용도의 건물에 비해 냉·난방 대상실의 용적이 작고, 부하가 예측하기 쉽기 때문에, 이 방법에 의할 경우가 비교적 많다.

간이 부하 계산법이란, 공기 조화·위생공학회 규격 HASS 112에 제시된 계산 방법이며, 건물 용도마다 단위 면적당(단위는 W/m^2)의 부하를 구할 수 있다. 이 방법은 냉·난방 부하를 개략적으로 추정할 경우나 최대 부하 계산법으로 구한 결과를 체크할 경우, 나가시는 건물의 냉·난방에 관련되는 에너지 설감 성능의 개략 평가 계산에 유효하게 쓰인다.

이들 방법에는 각각의 장점, 단점이 있기 때문에 계산의 정밀도나 계산에 소요되는 시간 등을 고려하여 쓰도록 한다.

HASS

일본 공기조화·위생공학회규격 "Heating Air Conditioning and Sanitary Standards"의 약어. HASS 112는 냉·난방 부하를 간단히 구하는 것을 목적으로 한 규정. 사무실, 주택 등 건물 용도마다 단위면적당의 냉·난방 부하가 제시되어 있다.

2 냉·난방 부하의 계산 예

[1] 최대 부하 계산법

(a) 기본적인 개념

최대 부하 계산의 순서는 주택에서도 사무실 건물 등과 기본적으로는 같으며, 각종 참고서에 있는 방법을 충실하게 실행하면, 주어진 기상조건에 대한 냉·난방 부하를 구할 수 있다. 다만, 냉·난방의 작동은 사무실 건물의 연속 운전과 비교하여, 간헐 운전이 많고, 축열 부하, 내부 부하의 산정에 주의가 필요하다.

(b) 계산 순서

부하 계산의 순서를 그림 4-8에 나타냈다. 부하 계산을 손으로 할 경우나 전자 계산기를 사용할 경우에도 순서는 거의 똑같다.

(c) 계산 조건

계산을 할 경우, 다음과 같은 개략적인 조건을 정리해 두면 편리하다.

① 건설지 : 도쿄

② 건축 규모 : RC조 지상 7층 6연립 주호

③ 계산 대상부 : 중간층 주호 거실·식당

④ 실내 온·습도 조건 : 겨울 20℃ 40%   여름 26℃ 50%

⑤ 옆방 조건 : 냉·난방 없음

⑥ 계산 시각 : 겨울에는 새벽에 난방 부하를 최대로 상정하고, 5시에 계산을 한다. 또한, 일사의 영향을 생각해서 9, 13, 16시의 3개 시각의 시간으로 계산한다.

(d) 계산 대상 부분의 면적 및 여러 값 골라내기

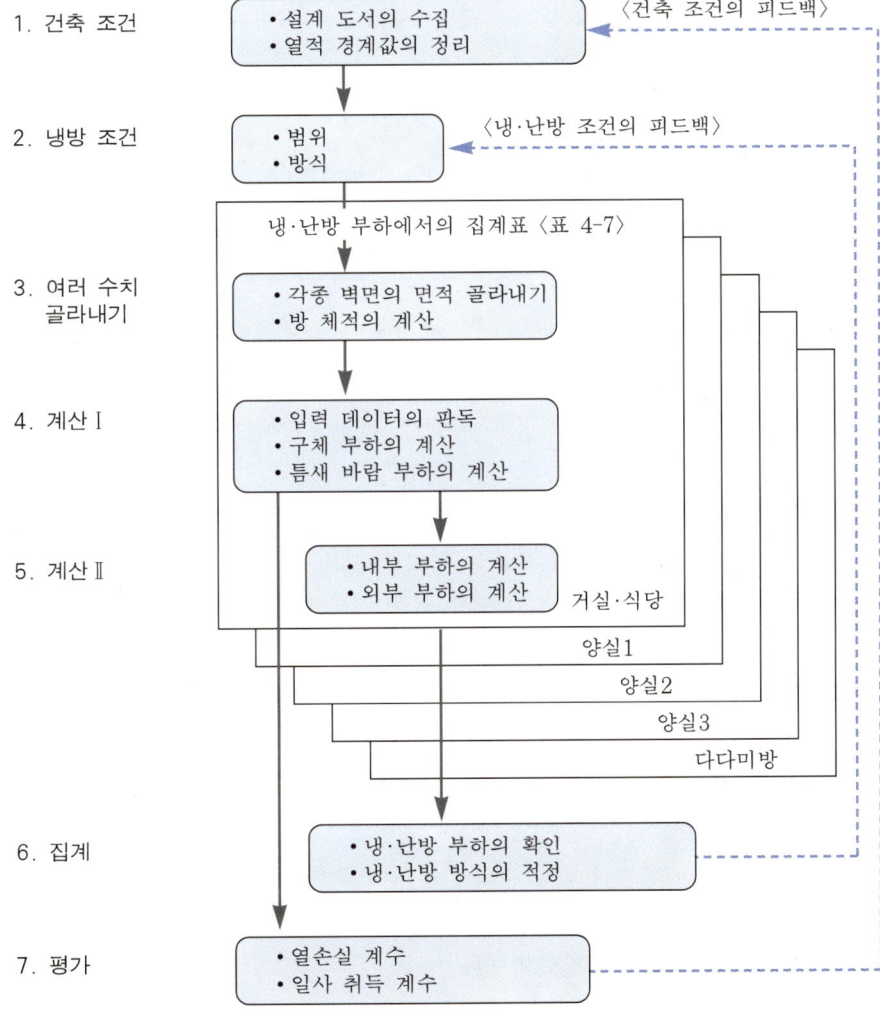

그림 4-8 부하 계산의 진행 방법

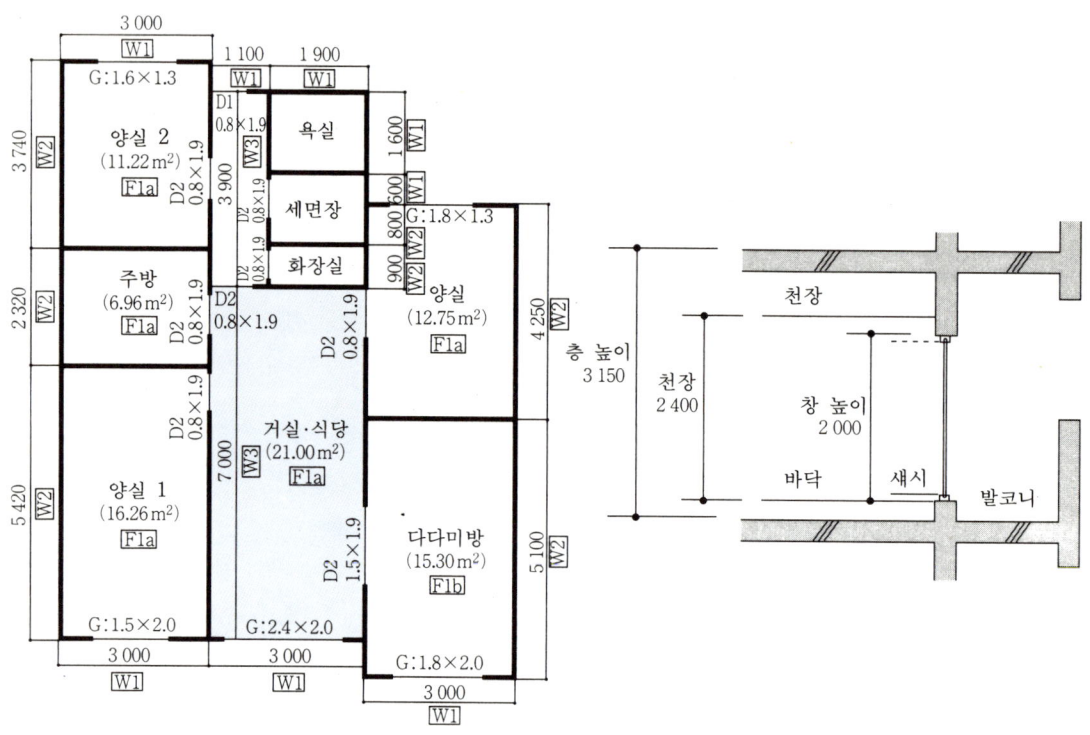

그림 4-9 면적 산정용 약도

부하 계산의 대상으로 되는 부분의 볼륨을 설계도에서 읽어내고, 구성재마다 면적을 정리한다(그림 4-9). 면적과 함께 그 계산 과정을 기록해 두는 것이 바람직하다.

① 유리창의 면적 계산(표 4-7의 ⑥참조)

투과 부하의 창 면적은 새시 부분을 제외한 값으로 한다. 이 때, 새시 면적이 불확실할 경우에는 창 면적에 0.85를 곱한 값으로 한다.

② 외벽, 지붕의 면적을 계산

각 벽면마다 면적을 계산하여 정리하면 된다. 외벽에 대해서는 폭에 층 높이를 곱하여 구한다.

③ 내벽, 천장, 바닥의 면적을 계산

④ 방 체적의 계산

방의 체적은 바닥 면적에 천장 높이를 곱하여 구한다.

(e) 각 벽면의 열적 경계값의 정리

계산의 대상으로 되어 있는 방 벽면의 열전도성을 각 부위마다 구하여 정리한다. 이 때, 계산 과정도 명확하게 기술해 두면, 벽면 구성재의 변경 등에도

표 4-1 각 벽면의 기호와 열적 경계값(표 4-7의 집계표 참조 ①, ②, ⑦, ⑧)

기호	부 위	열 통과율(W/(m²·K))	일사 차폐 계수(−)	벽 타입
W1	외벽	0.747		III
W2	주호 경계벽	2.960		
W3	간막이벽	3.810		
R	지붕	0.612		III
F1a	일반층의 천장·바닥(카펫)	1.201		
F1b	일반층의 천장·바닥(다다미)	0.987		
F2a	최하층의 천장·바닥(카펫)	0.554		
F2b	최하층의 천장·바닥(다다미)	0.554		
G	유리창	6.513	0.95	
D1	외기에 접하는 도어	4.228		
D2	실내 도어	3.352		

열전달률

재료 고유의 열전달성을 나타내는 값. 단위는[W/(m·K)]{×1.16 kcal/(m·h·℃)}.

대응할 수 있다(표 4-1, 표 4-2).

(f) 계산에 필요한 데이터의 정리

냉·난방의 운전 시간대를 생각하여, 그 중에서 냉·난방 부하가 가장 커질 시

표 4-2 외벽 열통과율의 계산

기호	부 위	두께 l [m]	열전도율 λ[W/(m²·K)]	$1/\lambda$
α_0	외표면 종합 열전달률		23.300[W/m²·K]	(0.043)
(1)	타일	0.010	1.279	0.008
(2)	콘크리트	0.200	1.628	0.123
(3)	단열재	0.025	0.028	0.893
R	중공층 열저항		0.150[(m²·K)/W]	(0.150)
(4)	플라스터 보드	0.012	0.791	0.015
α_i	내표면 종합 열전달률		9.300[W/m²·K]	(0.108)

벽 타입

벽 등의 구성 재료에 따라 크게 분류되고 있으며, 각각에 실효 온도차가 요구되고 있다.

중공층 열저항

벽 등의 구조 내부에 있는 평행 2평면간에 밀폐 또는 반 밀폐된 공기층 내에서, 방사, 대류, 전도에 의한 열 이동이 있다. 이와 같은 벽면의 전도성을 나타내는 값. 단위는 [(m²·K)/W]{×0.86m²·h·℃/kcal}

계산식

$$K = \left(\frac{1}{\alpha_0} + \frac{l_1}{\lambda_1} + \frac{l_2}{\lambda_2} + \frac{l_3}{\lambda_3} + R + \frac{l_4}{\lambda_4} + \frac{1}{\alpha_1} \right)^{-1}$$
$$= \left(\frac{1}{23.3} + \frac{0.010}{1.279} + \frac{0.200}{1.628} + \frac{0.025}{0.028} + 0.15 + \frac{0.012}{0.791} \right)^{-1} + \frac{1}{9.3}$$
$$= 0.747 \mathrm{W}/[\mathrm{m²·K}]$$

외벽 단면도

종합 열전달률

벽 표면과 그것에 접하는 주변 공기와의 경계면에서 발생하는 1℃당 열 이동의 비율을 나타내는 값. 단위는 [W/(m²·K)]{×1.16kcal/(m²·h·℃)}이며 열 통과율과 똑같지만, 의미는 다르기 때문에 주의한다.

각의 기상 데이터를 추출한다(부하 계산의 시각 선정).

① 설계 외기 조건(표 4-3)

② 실효 온도차, 일사열 취득(여름 도쿄, 표 4-4)

③ 차양, 양 옆벽을 고려한 일사열 취득(표 4-7의 ⑩항 참조)

집합 주택에서는 발코니가 있는 경우가 많으며 창면에 그늘이 생길 경우, 일사열 취득에 보정이 필요하게 된다. 손으로 계산해서 정확한 부하를 구할 경우에는, 냉방 부하에 관계되는 일사의 영향이 크기 때문에, 계산시 염두에 둘 필요가 있다.

이 계산 방법에 대해서는 문헌1)에서 설명하므로 참고하기 바란다.

④ 비 냉·난방 옆방 온도차(표 4-7의 (h)항 참조)

비 냉·난방실에 접하는 천장, 바닥, 내벽으로부터의 통과 부하를 구할 때에 사용하는 온도차는 다음과 같이 주어진다.

$$\Delta t = r(t_0 - t_1)$$

Δt : 비 냉·난방 옆방 온도차 [K]

r : 옆방 온도차 계수 [—](집합 주택에서는 겨울, 여름 모두 0.3)

t_0 : 실외 온도 [℃]

t_1 : 실내 온도 [℃]

⑤ 방위 계수(표 4-7의 ⑫항 참조)

난방 부하 계산에서는 방위 계수를 각 방위에 대하여 설정하고, 외벽, 지붕으로부터의 부하에 곱한다(표 4-5).

표 4-3 설계용 외기 조건[1] (표 4-7 집계표 참조 ⑨, ⑪)

	온 방		냉 방		
시각	건구 온도[℃]	상대 습도[%]	시각	건구 온도[℃]	상대 습도[%]
5시	-1.1	40.8	9시	30.7	66.3
			13시	33.4	57.8
			16시	32.4	60.2

표 4-4 도쿄의 실효 온도차와 일사열 취득(여름)[1]
(표 4-7의 집계표 참조 ⑩, ⑬)

시각 방위	실효 온도차[K]			일사열 취득[W/m²]		
	9시	13시	16시	9시	13시	16시
남	3	8	10	77	157	36
동	9	13	12	491	43	36
서	3	6	12	42	202	609
북	4	6	7	42	43	38
수평	8	22	25	—	—	—

표 4-5 방위 계수[3)]

방위	남	동	서	북	수평
방위 계수	1.00	1.05	1.10	1.10	1.00

(g) 틈새 바람 부하(표 4-7의 (b)참조)

창 새시의 틈새나 문의 개폐에 의하여 침입한 외기는 냉·난방 부하의 일부로 된다. 틈새 바람의 부하에는 현열 부하 q_S와 잠열 부하 q_L이 있으며, 아래의 식으로 산출한다.

〈계산식〉

현열 $q_S = c \cdot \rho \cdot \Delta t \cdot Q$

잠열 $q_L = \gamma \cdot \rho \cdot \Delta x \cdot Q$

c : 공기의 정압 비열 $[1.0 \times 10^3 J/(kg \cdot K)]$

ρ : 공기의 밀도 $[1.2 kg/m^3]$

γ : 공기의 증발 잠열 $[2.5 \times 10^3 J/g]$

Δt : 실내외의 건구 온도차 $[K]$

Δx : 실내외의 절대 습도차 $[g/kg(DA)]$

Q : 틈새 바람의 풍량 $[m^3/h]$

틈새 바람의 산출 방법으로는 환기 횟수법, 문 개폐에 의한 틈새 풍량 계산법, 창 면적법, 외벽면법이 있는데, 여기에서의 산출은 간단한 환기 횟수법에 의하여 구하기로 한다.

$$Q = nV$$

Q : 틈새 바람의 풍량 $[m^3/h]$

n : 환기 횟수(겨울 : 0.2, 여름 : 0.1) $[1/h]$

V : 실의 체적 $[m^3]$

(h) 내부 부하

내부 부하를 대별하면, 조명, 인체, 기기로 분류되며, 방의 용도나 치수에 의하여 추정한다. 정확한 수치를 알 수 없는 기기에 대해서는 조명 기구의 일부로서 고려되는 경우도 있다.

아래에 내부 부하 산출 방법의 한 예를 나타내었다.

① 조명(표 4-7의 ⑦항 참조)

조명의 종류와 와트수로부터 조명 부하(W)를 구한다. 조명의 와트수가 명확하지 않은 경우, 다음 식에 의한다.

비열

단위 질량의 물체 온도를 1도 올리는 데 필요한 열량.
단위는 4186.8J/kg·K{1kcal/kg·℃}

건구 온도

온도계의 감온부가 건조한 상태에서 측정되는 공기 온도

습구 온도

어떠한 상태의 습공기를 단열 냉각하여 포화 상태로 되었을 때의 온도로, 온도계의 감온부를 축축한 거즈로 쌌을 때에 측정된 온도

표 4-6 인체로부터의 발열량 설계값[1]

온실	28℃	26℃	24℃	22℃	20℃
현열〔W/인〕	47	55	63	71	79
잠열〔W/인〕	72	64	56	48	40

$$W = \frac{CE}{K\varepsilon}$$

C : 감쇠 보상률(＝1.5)

E : 조도(＝200)

K : 조명률(＝0.5)

ε : 조명효율(＝20)

감쇠 보상률

조명 설비의 광원과 기기의 효율이 시간의 경과로, 초기의 설계 조도보다 낮아지는 것을 고려한 할증 계수이며, 이 계수가 보수율이 된다.

② 인체(표 4-7의 ③항 참조)

인체로부터의 발열량에는 신체 표면의 방열에 의한 현열 부하와 발한에 의한 잠열 부하가 있으며, 작업 상태나 실온에 의하여 분류되고 있다. 여기에서는 재실 인원수를 4인으로 상정하고 다음 값을 부여하고 있다(표 4-6).

③ 기기(표 4-7의 ④항 참조)

설계된 기기가 명확할 경우는 정확한 값으로 하는 것이 바람직하다. 여기의 계산에서는 이들의 값이 정확하지 않기 때문에, 조명·기기 부하에 20W/m²을 주고 있다.

(i) **축열 부하**(표 4-7의 (d) 참조)

손으로 계산하는 정상적인 산출에 있어서, 냉·난방 운전이 열적으로 안정된 시간대에는 비교적 정확히 구할 수 있지만, 야간에는 구조구체에 대한 축열량을 고려할 수 없기 때문에, 냉·난방 기동시의 부하가 정확히 산출되지 않는다. 여기의 계산에서는 고려하지 않았지만, 주택에서는 냉·난방이 간헐적으로 운전되는 일이 많기 때문에, 축열 부하를 정확히 구하고 싶을 경우에는 주택용 부하 계산 프로그램을 이용하면 된다.

(j) **외기 부하**(표 4-7의 (e) 참조)

실내 공기의 산소나 탄산가스 농도의 허용값을 유지하기 위하여 외기를 실내로 도입하는데, 이 역시 난방 부하의 일부가 된다. 외기 부하의 산출 방법은 1인당의 외기 도입량에 각 실의 상정 재실 인원수를 곱하여 외기량을 구한다. 구한 외기량에 공기의 물성값과 실내외 온도차, 절대 습도차를 곱하여 외기 도

표 4-7 냉·난방 부하 집계표

주변 annotations:
- ⑥ 건물 외피 부하의 면적 골라내기
- ⑦ 열통과율의 계산
- ⑧ 일사 차폐 계수의 기입
- (g) 열부하 계산의 시각 선정
- ⑨ 유리창에서의 실내외 온도차
- ⑩ 차양을 고려한 일사열 취득
- ⑪ 난방시의 실내외 온도차
- ⑫ 방위 계수
- (a) 건물 외피의 방위 기입
- ① 벽 타입의 기입
- ② 벽 종류의 기입
- ⑬ 실효 온도차
- (h) 비공조 옆방과의 온도차
- (b) 환기 횟수
- (c) 조명 와트수
- ③ 인체의 현열·잠열 부하
- ④ 기기 부하
- (d) 축열 부하
- (e) 외기 부하
- [계산 I] [계산 II]

주호명	A댁	방 이름 거실·식당	층 4층	면적 21.0m²	층 높이 3.15m	천장 높이 2.4m	용적 50.4m²

방위		면적 [m²] 일사·차폐 계수		열통과율 SC·A	K·A	온도차[K] 일사량[W/m²] 9시 13시 16시			취득 열량[W] 9시 13시 16시			온도차 [K]	방위 계수	열·손실량 [W]
S	통과	2.4×2.1	4.8	6.5	31.2	4.7	7.4	6.4	147	231	200	21.1	1	659
	(투과)	2.4×2.1×0.85	4.1	0.95	3.9	42	43	36	164	168	141			
유리창	통과													
	(투과)													
	통과													
	(투과)													
S	Ⅲ W1	3.0×3.15—4.8	4.7	0.747	3.6	3	8	10	11	29	36	21.2	1	76
외벽·지붕														
내벽·천장·바닥	W3	7.0×2.4×2—(0.8×1.9+1.8×1.9)	28.7	2.98	85	1.5	2.3	2	128	196	170	6.4		544
	FLa	7×3×2	42	1.201	50.1	1.5	2.3	2	76	116	101	6.4		321
	W3	1.6×1.9	3.5	2.96	16.9	1.5	2.3	2	26	39	34	6.4		109
	D2	1.8×1.9	1.52	3.352	11.8	1.5	2.3	2	18	28	24	6.4		76
	D2	1.8×1.9	1.52	3.352	15.5	1.5	2.3	2	24	36	31	6.4		100
구체 부하 소계									qs 594	qs 843	qs 737	qL		qs 1885
틈새 바람 부하	냉방 환기 횟수 0.1회/h5.1m³/h 난방 환기 횟수 0.2회/h10.1m³/h	qL 25					7.4		qs 11			qs 55		qs 62
조명	냉방 20W/m²×21m³=210W 난방 상기 수치의 50%를 난방 매체 부하에서 뺀다								210					
재실자	냉방 난방 산출값의 50%를 매체 부하에서 뺀다	qL 256							qs 256			qL −80		qs −158
기기	냉방 조명 부하에 포함 난방	qL							qs			qL		qs
축열														
실내 부하		qL 계							qs계 1035	qs계 1284	qs계 1178	qL계 −25		qs계 1789
		qL/m²							qs/m² 49.3	qs/m² 61.2	qs/m² 56.1	qL −1.2		qs/m² 85.2
외기	외기 취입량 20m³/h·인×4인=80m³/h	qL 459				4.7	7.4	6.4	qs 110	qs 172	qs 149	qL/m² 516		qs 490
		qL 합계							qs합계 1145	qs합계 1456	qs합계 1327	qL 합계 516		qs 합계 2279

틈새 바람 부하의 산출(공기 선도에서)
(냉방) $q_L = 0.597 \times 1.2 \times Q_1 \times (18.5 - 10.5)$　$q_s = 0.24 \times 1.2 \times Q_1 \times (33.4 - 26.0)$
(난방) $q_L = 0.597 \times 1.2 \times Q_2 \times (10.5 - 1.5)$　$q_s = 0.24 \times 1.2 \times Q_2 \times (20.0 - (-1.1))$

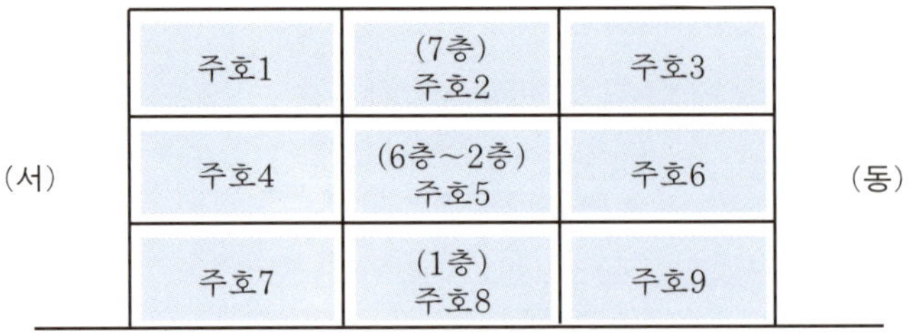

주호1	(7층) 주호2	주호3
주호4	(6층~2층) 주호5	주호6
주호7	(1층) 주호8	주호9

(서)　　　　　　　　　　　　　　　　　　　(동)

그림 4-10 주호 위치

입량에 의한 현열 부하, 잠열 부하를 산출한다.

이 계산에서는 1인당의 외기 도입량을 20m³/h로 하고, 거실·식당의 재실 인원수를 4인으로 가정하면 외기 도입량은 80m³/h으로 된다. 틈새 바람의 부하와 똑같은 계산식을 사용하여 현열, 잠열 부하를 각각 산출한다.

[2] 전자 계산기에 의한 부하 계산법

(a) 기본적인 개념

전자 계산기를 사용한 부하 계산도 손으로 계산하는 최대 부하 계산과 순서는 같다. 여기에서는 주택의 부하 계산용으로 개발된 열부하 계산 범용 프로그램 「SMASH」를 사용했다.

계산을 실행하기 위해서는 각종 조건을 퍼스널 컴퓨터에 입력해야 하는데, 아래에 입력하는 데이터를 순서적으로 설명한다.

SMASH

Simplified Analysis System for Housing Air-Conditioning Energy의 약어이며, 퍼스널 컴퓨터용 열부하 계산 프로그램. 대형 계산기용에 쓰이는 계산 수법을, 열적으로 더운 부분에 대한 전열 계산과 환기 계산에 대하여 간략화한 것

(b) 건물 조건(그림 4-10)

① 구조 : 철근 콘크리트조 7층 6연립 주호
② 지역 : 에너지 절감 기준으로 분류되어 있는 6지역 이하의 도시를 예로서 계산한다.
　　　　삿포로, 아키다, 니가타, 도쿄, 가고시마, 나하
③ 건물 외피의 단열성 : 에너지 절감 기준에 제시된 단열재 두께에서 건물

표 4-8 각 지역의 건물 외피의 열통과율

(단위 : W/m²K)

		지역 I (삿포로)	지역 II (아키다)	지역 III (니가타)	지역 IV (도쿄)	지역 V (가고시마)	지역 VI (나하)
지붕		0.206	0.501	0.612	0.612	0.612	0.612
	단열재 두께	120mm	40mm	30mm	30mm	30mm	30mm
외벽		0.406	0.720	0.720	0.827	0.837	1.175
	단열재 두께	60mm	30mm	30mm	25mm	15mm	15mm
바닥(최하층)	카펫	0.242	0.397	0.397	0.554	0.554	0.690
	다다미	0.231	0.397	0.397	0.554	0.691	0.691
유리		2.3	3.5	5.3	6.5	6.5	6.5

표 4-9 실내의 각종 조건

	거실 식당	주 침실	침실1,2	다다미방	부엌	세면 욕실	화장실
실내 온도[℃] 난방 냉방	20 26	20 26	20 26	20 26	— 	— 	—
냉·난방 시간[시]	6~10 12~14 16~22	21~23	20~23	6~10 12~14 16~22	정지	정지	정지
조명[W]	100	100	60	100	60	60	60
기기[W] 현열 잠열	100 0	0 0	0 0	100 0	47 0	0 0	0 0
인체[명]	4	2	1	4	1	0	0

외피를 계산한다. 단열재의 종류에는 글라스 울, 록 울, 발포 폴리스틸렌, 경질 우레탄 폼 등이 있는데, 여기에서의 계산은 경질 발포 우레탄을 선정하였다. 각 지역의 단열재의 두께와 모델 주택의 건물 외피의 열통과율은 표 4-8과 같다.

(c) 실내 조건

주호 내에서의 생활 양식에 따른 실내의 여러 조건들을 표 4-9와 같이 설정하였다. 이 설정은 계산에 사용한 범용 프로그램의 디폴트값(초기 설정값)이다.

(d) 계산 결과

지역별로 중간층·중간 주호에서의 냉·난방 부하의 평균값을 나타낸다(그림 4-11).

퍼스널 컴퓨터에 의한 열부하 계산의 결과를 지역별, 실별로 나타낸다(그림 4-12).

이들을 비교해 봄으로써, 같은 실에서의 지역적 차이나 실의 위치에 의한 차이를 판독할 수 있다.

이 결과에서 최대 부하 계산법과 간이 계산법을 비교할 때, 입력 조건 등에 따라 큰 차이가 날 수도 있으므로 주의가 필요하다. 결국, 주택의 새 에너지 절감 기준(뒤에 설명)에 따라 단열 등을 실행함으로써, 최대 냉·난방 부하, 연간 열 부하(냉·난방 기간이 다르기 때문에 약간의 차이가 보인다)는 일본 전국적으로 거의 동등한 열 부하로 되며, 한랭지에서는 난방, 그 밖의 지역에서는 냉방에 소비되는 에너지가 절감되어, 에너지 절감 효과가 높은 것을 알 수 있다. 냉·난방 설비 계획을 할 때는 단열 방식이 열 부하를 크게 좌우하기 때문에, 법적인 강제력은 없지만 주택의 새 에너지 절감 기준을 준수하여 실행하는 것이 바람직하며, 의장 설계와의 협의도 중요하다.

디폴트 값

프로그램 내부에서 미리 설정되어 있는 표준적인 값이며, 입력시, 특히 지시하지 않을 경우에 설정된다. 조작을 쉽게 하기 위한 하나의 수법

최대 냉·난방 부하

실내에 발생, 초래하는 부하가, 1일 중에서 가장 큰 값으로 되는 시각의 부하. 일반적으로 난방은 새벽녘, 냉방은 방위에 따라 다르지만 9시부터 16시경에 발생한다.

연간 부하

실내에서 발생하는 부하를 1년간에 걸쳐 합계한 것

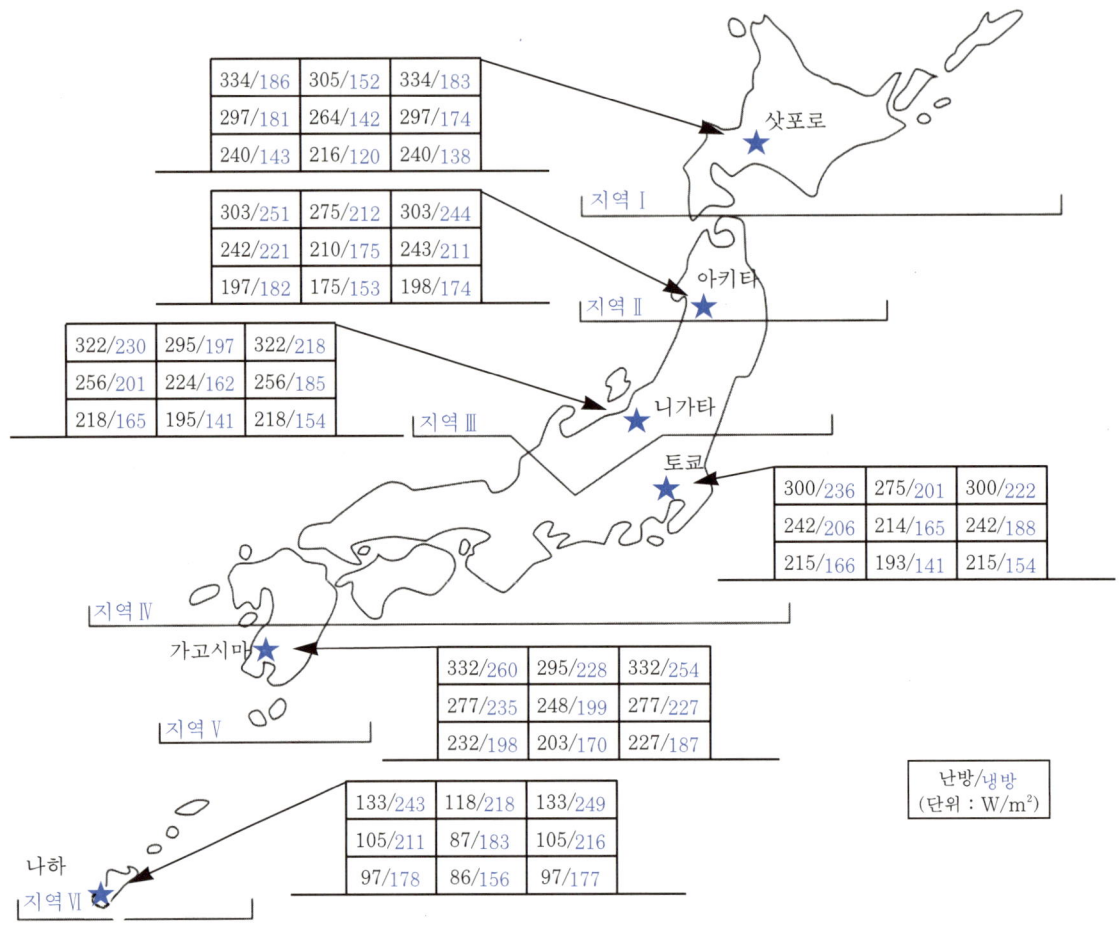

그림 4-11 지역별 냉·난방 부하(거실·식당)

[3] 간이 부하 계산법

(a) 계산의 진행 방법

간이 부하 계산법은 기준 부하를 기초로, 건물의 형상이나 설비적 조건 등을 고려한 보정 부하를 가산하고, 냉·난방 기간의 운전 조건이나 지역 특성을 고려한 보정 계수를 곱하여, 단위 면적당의 냉·난방 부하를 구한다. 이것에 냉·난방 대상실의 바닥 면적을 곱하여 합하면, 계산의 대상인 실의 냉·난방 부하를 산출할 수 있다.

최대 부하=기준 부하+각종 보정 부하의 총계

각종의 보정 부하는 주호의 방위나 층별, 실내의 설정 온도 등에 따라 설정하는 값이며, 상세한 조건 선정 방법에 대해서는, 공기 조화·위생공학회 규격

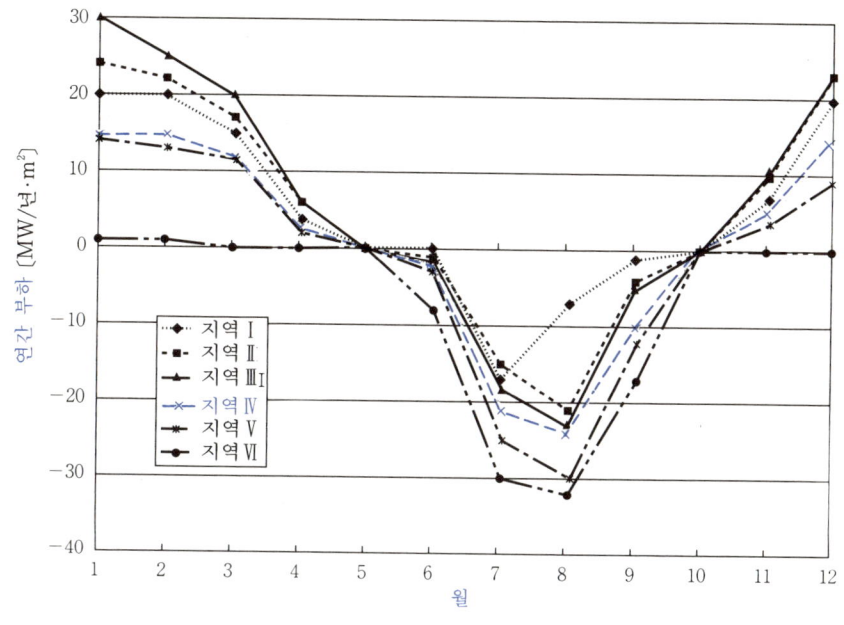

그림 4-12 지역별 연간 부하(거실·식당)

HASS 112(표 4-10)를 참조하기 바란다. 아래에 표준 주호의 거실·식당의 계
산 예를 나타낸다.

(b) 계산 조건

① 구　조 : 철근 콘크리트조
② 대상실 : 거실·식당

표 4-10 냉·난방의 기준 부하와 보정 부하, 보정 계수

			난 방		냉 방	
기준 부하〔W/m²〕			163		104	
보정 부하 〔W/m²〕	발코니 있음	창 소 창 대			남　서　북　동 -17　5 -38 -35 0　40 -25　-3	
	발코니 없음	창 중 창 대			남　서　북　동 -25 31 -28 -13 -12 61 -19　15	
	층	중간층 최상층	0 6		0 7	
	실온		20℃　-19 22℃　0		24℃　24 26℃　0	
	외피 단열		대　-19 중　0 소　19			
보정 계수 〔-〕	운전 조건	종일 운전	동방위 이외　0.85 동방위　1.00		0.6	
		예열 시간	15분	30분	1시간	1.5시간	2시간
			1.37	1.13	1.00	0.94	0.89

③ 지   역 : 도쿄
④ 건물 외피 : 창 면적   대(4.8m²)
　　　　　　　발코니   있음
　　　　　　　플로어의 위치   중간층
　　　　　　　단열   한겹 유리 및 한 면 외벽, 외벽 열통과율
　　　　　　　　　　　　　　　　 0.747W/(m²·K)
⑤ 실내 조건 : 실내 온도 난방시 20℃, 냉방시 26℃
⑥ 냉·난방 조건 : 연속 냉·난방 운전

(c) 계산 결과

난방 부하　기준 부하　　　　　163W/m²
　　　　　　보정 부하 (층)　　　0W/m²
　　　　　　　　　　　(실온)　 −19W/m²　　125W/m²×1.00＝125W/m²
　　　　　　　　　　　(단열)　 −19W/m²　　　　(예열 시간 보정)

냉방 부하　기준 부하　　　　　104W/m²
　　　　　　보정 부하 (방위)　 −12W/m²
　　　　　　　　　　　(층)　　　0W/m²　　 92W/m²×1.00＝2W/m²
　　　　　　　　　　　(실온)　　0W/m²　　　　(예열 시간 보정)

3   주택의 에너지 절감 기준

[1] 에너지 절감의 기준[4]

　1979년에 제정된 일본의 「에너지 사용의 합리화에 관한 법률」(통칭 에너지 절감법이라 함)에 의거하여, 1980년에는 「주택에 관련된 에너지 사용의 합리화에 관한 건축주의 판단 기준」(건축주의 판단 기준) 및 「주택에 관한 에너지 사용의 합리화에 관한 설계 및 시공의 지침」(설계 및 시공의 지침)이 제정되었다(이들 두 가지를 합하여 주택의 에너지 절감 기준이라 한다). 현재는 1992년에 아래의 항목을 기준으로 개정되어, 주택의 에너지 절감의 지침으로 되어 있다(주택의 새 에너지 절감 기준).

① 단열 성능과 열손실 계수의 강화
② 기밀 주택에 관한 규정의 도입
③ 일사 취득 계수의 도입

열손실 계수(표 4-11), 일사 취득 계수(표 4-12)의 계산에 대해서는, 주택

표 4-11 열손실 계수

주호 형식		지역의 구분					
		I	II	III	IV	V	VI
단독 주택, 겹침 주택 및 연속 주택	단위 : W/m² {kcal/h·m²}	1.7 1.5	2.7 2.3	3.1 2.7	4.0 3.4	4.3 3.7	6.4 5.5
공동 주택	단위 : W/m² {kcal/h·m²}	1.5 1.3	2.2 1.9	2.7 2.3	3.1 2.7	3.7 3.2	5.6 4.8

표 4-12 일사 취득 계수

지역의 구분					
I	II	III	IV	V	VI
		0.1			0.08

의 새 에너지 절감 기준과 지침을 참조. 또, **그림 4-13**에 에너지 절감 기준의 체계도를 나타낸다.

[2] 주택의 새 에너지 절감 기준의 개요

(a) 건축주의 판단 기준

① 주택의 건축 형식 및 지역 구분에 대응한 주택 열손실 계수의 기준값

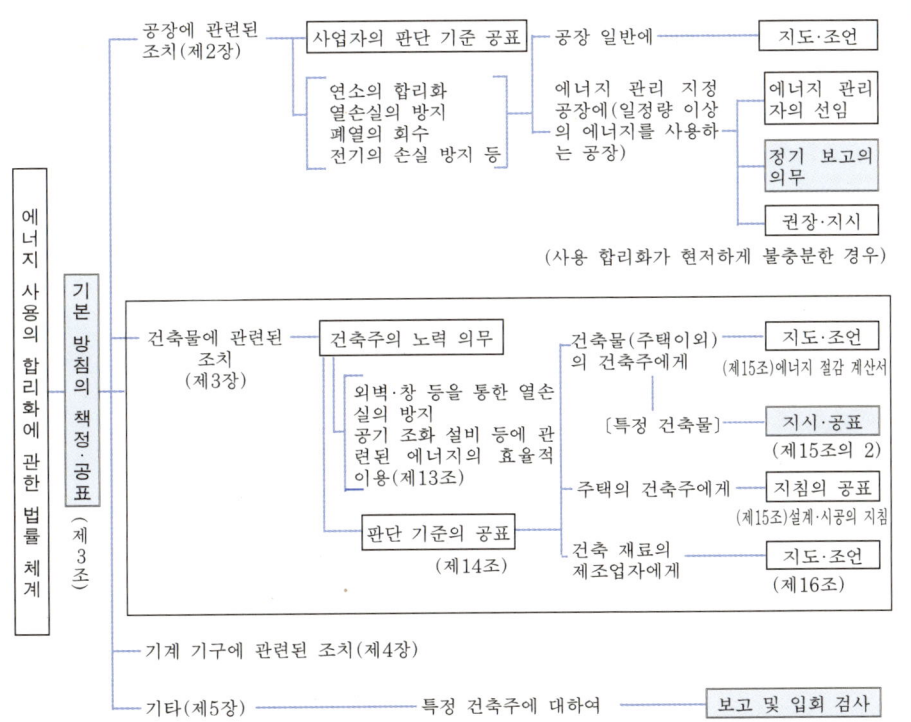

주택에 관련된 에너지 사용의 합리화에 관한 건축주의 판단 기준

건축주의 판단 기준을 만족시키기 위한 단열 성능 등을 정한 것

그림 4-13 에너지 절감법의 체계

표 4-13 지역의 구분

지역의 구분	도도부현(都道府縣) 이름
Ⅰ	北海道
Ⅱ	青森県　岩手県　秋田県
Ⅲ	宮城県　山形県　福島県　茨城県　栃木県　群馬県　新潟県 富山県　石川県　福井県　山梨県　長野県　岐阜県　滋賀県
Ⅳ	埼玉県　千葉県　東京都　神奈川県　静岡県　愛知県 三重県　京都府　大阪府　兵庫県　奈良県　和歌山県 鳥取県　島根県　岡山県　広島県　山口県　徳島県　香川県 愛媛県　高知県　福岡県　佐賀県　長崎県　熊本県　大分県
Ⅴ	宮崎県　鹿児島県
Ⅵ	沖縄県

② 지역Ⅰ 및 지역Ⅱ의 주택의 종류

지역Ⅰ은 기밀 주택 또는 철근 콘크리트조의 주택으로 하고, 지역Ⅱ는 기밀 주택 또는 철근 콘크리트조의 주택으로 하도록 노력한다로 되어 있다.

③ 지역의 구분(표 4-13)에 대응한 주택의 일사 취득 계수의 기준값

(b) 설계 및 시공의 지침

① 단열 구조로 하는 부분

② 단열 성능 등의 기준

③ 기밀 주택의 시공에 관한 기준

④ 일사 차폐에 관한 기준

⑤ 설계 또는 시공을 할 때 배려할 기준

[3] 앞으로의 동향

최근, 지구 온난화 등의 지구 환경 문제는 국제적으로 이목이 집중되고 있다. 이에 따라 일본에서도 1990년에 「지구 온난화 방지 행동계획」이, 1994년에는 「장기 에너지 수급 전망」이 책정되고, 이산화탄소의 배출 억제 및 화석 연료 사용 삭감 등의 대책이 추진되고 있다. 또한, 1998년부터 에너지 절감 등의 수준을 높이는 「주택의 차세대 에너지 절감 기준(가칭)」의 검토가 이루어지고 있으며, 나아가 「장기 에너지 수급 전망」의 개정이 이루어지고 있다.

주택에 관련된 에너지 사용의 합리화에 관한 설계 및 시공의 지침
주택 전체의 에너지 절감 성능에 관한 기준을 정한 것

지구 온난화 방지를 위한 행동 계획
지구 온난화 대책을 계획적·종합적으로 추진하기 위한 일본 정부의 방침 및 앞으로 추진해야 할 실행 가능한 대책

장기 에너지 수급 전망
장기적으로 필요한 에너지 수급량과 공급량에 관한 일본 정부의 전망. 석탄, 석유, 원자력, 천연 가스, 새 에너지 등의 에너지별의 구성도 제시되고 있다.

주택의 차세대 에너지 기준(가칭)
현재 검토가 추진되고 있는 다음 세대의 주택용 에너지 절감 기준이며, 지금보다 효율이 높은 기준을 목표로 한 것

제5장

냉·난방 설비의 계획

1 계획의 순서

계획 작업을 기본 구상, 기본 계획, 실시 계획의 3단계로 분류하기도 하지만, 이 책에서는 여러 조건의 정리와 목표 설정의 두 단계로 정리하기로 한다. 간단히 흐름을 나타내면 그림 5-1과 같다. 다만, 각 항목간의 흐름은 반드시 한쪽 방향으로 흐르는 것은 아니며, 계획 조건의 결정 단계나 변경에 따라서, 적당히 피드백된다.

여러 조건의 정리 단계에서는, 부지 형상이나 연중 기온, 바람의 방향, 강도 등의 자연 조건 및 전기, 가스 등 인프라스트럭처의 정리 상황, 관련 법규 등의 조사 및 공급 조건에 의거한 건물 규모나 그레이드, 입주 상정자의 가족 구성이나 생활상으로부터 주택 설비에 대한 기호의 검토 등을 한다. 다음에 목표 설정의 단계에서는 채용할 에너지원이나 설비 방식, 건물 도면 등을 기초로 기기·배관류의 배치, 운전 관리 계획, 수선·경신성에 관한 검토 후 설계로 들어가게 된다.

인프라스트럭처
(infrastructure)

도시의 기반 시설로, 공공·공익성이 있는 사회 자본, 전력이나 상·하수도, 통신이나 교통시설 등, 사회 시스템을 지원하기 위한 하부 구조이며, 특정의 개인이 그 편익을 독점하지 않는 시설

[1] 계획의 여러 조건

그림 5-1의 「여러 조건의 정리」에서는 다음과 같은 항목에 대하여 정리한다.

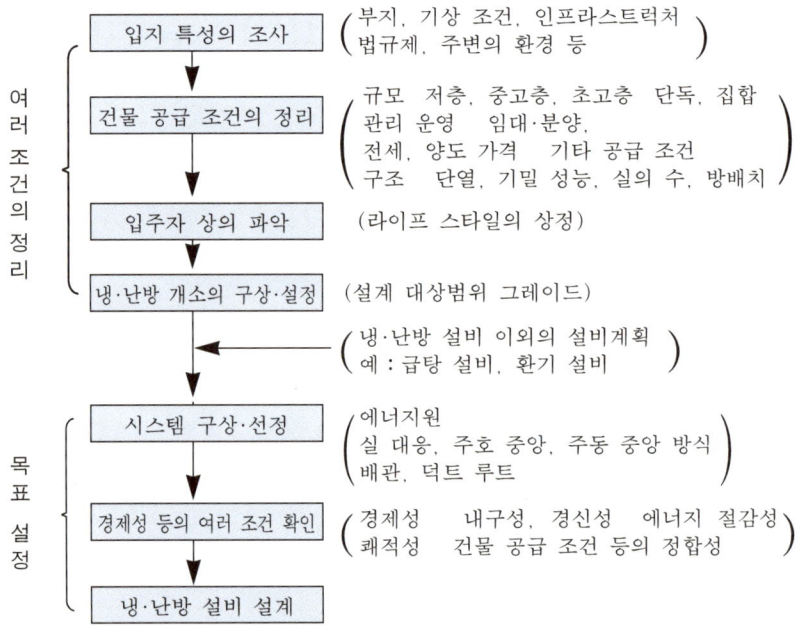

그림 5-1 계획의 순서

(a) 입지 특성

계획하는 주택이 어떠한 환경 속에 건축하게 되는 것인가를 정리한다.

- 주로 냉·난방 부하의 계산 조건이 되는 기상, 부지의 지형, 건물의 방위
- 에너지원으로서 도시 가스나 전력 등, 인프라스트럭처의 정비 상황
- 주변의 소음, 분진 등 특수 환경의 유무
- 난방용 열원으로서의 쓰레기 소각열 등 지역 열원이나 태양 에너지 이용의 가능성
- 소방법 등의 관련 법규

(b) 건물 공급 조건

주택의 공급 형태(임대·분양)에 따라 설비의 소유 구분이나 수선 부담의 구분이 달라진다.

- 분양 집합 주택인 경우 냉·난방 방식에 있어 부위에 개인 소유와 공동 소유의 구분이 생긴다.
- 임대 주택의 경우 기본적으로 건축주의 일괄 소유로 되지만, 주호 내의 단말 기기에 대해서는 가동성의 유무나 노출·은폐의 정도에 따라 주거자 구분으로 되는 경우도 있다.

건물 형태나 주호 위치는 아래와 같이 분류되며, 그에 따라 부하나 설계 조건이 달라진다.

〈건축 형태 및 주호 위치의 분류〉
규　모 : 집합 단지형·단일형
층　수 : 저층·중층·고층·초고층
구　조 : 철근 콘크리트조·철골 철근 콘크리트조·철골 콘크리트조
평면형 : 기러기떼 행렬형·판자형
용　도 : 주택 단일 용도·재개발 지역에 많은 복합 용도
주호 위치 : 최상층·중간층·최하층, 박공·중앙

〈건물 형태, 주호 위치에 따라 달라지는 설계 조건〉
- 1주호당의 열 부하
- 관련 법규의 적용 항목·내용
- 보 관통 위치나 개수 등 건물 구조상의 제한(덕트·배관 계획에 영향을 준다.)

(c) 입주자의 생활 방식

최근의 주택은 단순히 독신자 주택이나 패밀리용 주택과 같은 구분뿐만 아니라, 사회적 환경의 변화나 개인의 생활 방식의 다양화로 다양한 주택이 공

층수

일반적으로 저·중·고·초고층은 다음과 같이 쓰이는 일이 많다.
저층 : 2층 이하
중층 : 3~5층
고층 : 6~19층
초고층 : 20층 이상

평면형

건물의 평면형을 크게 분류하면, 다음과 같이 기러기떼 행렬형과 판자형으로 나뉜다.

기러기떼　　판자형
행렬형

급되고 있는데, 그 한 예를 다음에 제시하였다.

- 도심에 입지한 비교적 소규모의 독신자·단신 부임자용 주택
- 맞벌이 세대용 주택
- 고령자 세대에 대응한 주택 및 장수 대응 주택
- 생활속에 취미나 사는 보람을 위한 공간을 마련한 주택
- 친·자·손의 2세대, 3세대의 가족이 동거하는 주택

이들 주택의 냉·난방 설비에 있어서, 본래 목표로 하는 온열 환경에 차이는 없지만, 가족 구성이나 주거 방식 등, 주거상에 따라 다양한 사용 시간이나 설정 조건에서의 운전이 상정되며, 냉·난방 설비에 대한 요구 성능의 우선 순위는 반드시 똑같지는 않다. 냉·난방 계획에서는 주거자의 가족 구성, 연령, 사용 시간, 생활 습관에 맞는 운전·환경 조성에 배려할 필요가 있다.

(d) 급탕 기능·환기 설비와의 시스템화

(1) 급탕 기능과의 시스템화　　가스를 열원으로 할 경우, 급탕 난방기가 일반적으로 이용되는데, 이 시스템은 욕조의 추가 가열이나 욕실 환기 건조기, 바닥 난방, 일부 냉·난방 기능과의 조합을 베리에이션으로서 갖는다. 또한, 똑같은 시스템으로서 전기를 열원으로 한 다기능 히트 펌프 시스템이 있다(그림 5-2). 난방, 급탕, 냉방 기능 등의 요구 성능에 대응하여 시스템화하는 것은 에너지 절감화, 저(低) 비용화에 효과적이다(그림 2-4 참조).

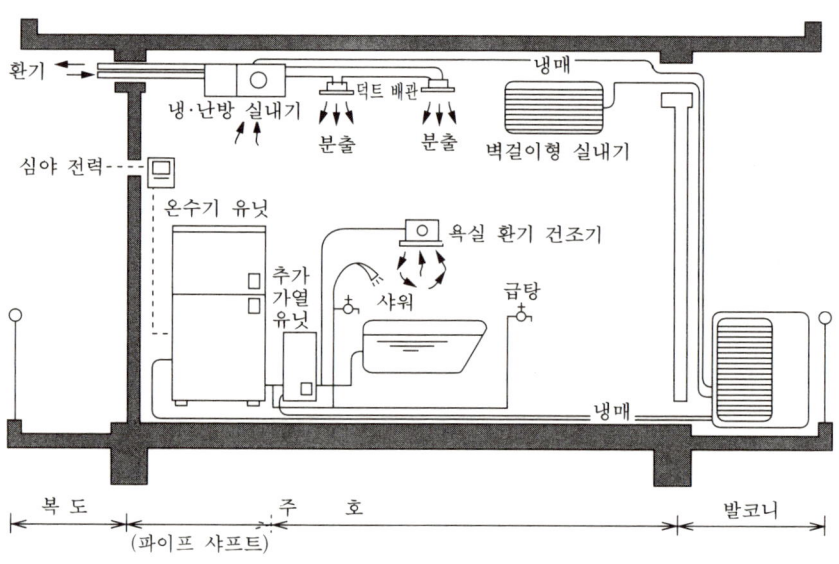

(심야 전력과 히트 펌프와의 조합에 의해, 급탕·욕실·냉난방·욕실 환기 건조를 하는 시스템)

그림 5-2 다기능 히트 펌프 시스템 예(개념도)

(2) 환기 설비와의 시스템화 최근에는, 주택의 기밀성이 향상되어 24시간 환기 설비나 전열 교환기형 환기 팬 등, 거실의 기계식 환기 설비가 등장하고 있다. 종래의 주택 환기는 틈새 바람이나 주거자의 창의 개폐에 의한 경우가 일반적이었지만, 입지나 건물 형태에 따라서는 사무실·상업 시설과 같이 공기 조화 설비의 도입을 생각할 수 있다. 다만, 층 높이와 보 관통 장소의 증대라는 점에서 건축 설계와의 조정이 중시된다.

(e) 기타

일반적으로 부지의 편리성이나 땅값, 용적률 등의 입지 조건, 상정 주거자상 등으로부터 건물의 형식, 집 임대료나 양도 가격 등의 목표를 결정하는 수가 많은데, 그 결과로서 건설 비용이 절약되는 경우라도, 제2장 3절에서 설명한 기본 사항에 유의하고, 주택의 기본 성능으로서의 양호한 온열 환경을 만들 수 있도록 계획하는 것이 중요하다.

[2] 냉·난방 설비의 목표 설정

그림 5-1에 나타낸 「목표 설정」에 따라 냉·난방의 대상 범위나 방식, 시스템 규모 등을 설정하게 된다.

(a) 냉·난방 범위의 설정

주호 내의 냉·난방 범위를 설정할 때에는

(1) 세면 탈의실·화장실의 비거실을 포함하여 주호 내의 모든 범위를 대상으로 하는 경우

(2) 거실과 주 침실, 각 개별실 등의 전체 또는 일부를 대상으로 하는 경우의 두 가지가 있는데, 장수 사회를 맞이함에 있어서 실내의 온도 분포를 되도록 균일하게 하는 관점에서는 (1)이 바람직하다. 건설시에는 대응할 수 없다해도 난방 설비는 입주 후에 비거실 부분을 포함하여 용이하게 설치할 수 있도록 해둘 필요가 있다.

주동(住棟) 공용부에 대해서는 초고층 주택 등에서 공용 복도가 코어부에 있어서 외기에 개방되어 있지 않을 경우, 환기와 더불어 냉·난방에 대해서도 검토할 필요가 있다. 특히 주동(住棟) 방식의 난방·급탕 설비를 도입하는 경우에, 파이프 샤프트를 통하여 열 반송관(搬送管)으로부터의 열이 복도에 차기 쉽다.

(b) 난방 방식의 선정

난방 방식으로는 대류와 방사(복사)의 두 방식으로 대별되는 바, 대류를 이

냉·난방 범위의 설정
세면실이나 화장실에도 되도록 난방 설비를!

난방 방식
방사(복사) 난방 방식과 대류 난방 방식이 있다. 전자는 실내에 설치한 가열면에서의 방사열에 의한 난방 방식이며, 후자는 대류에 의해 열의 대부분을 방출하는 난방 방식이다.

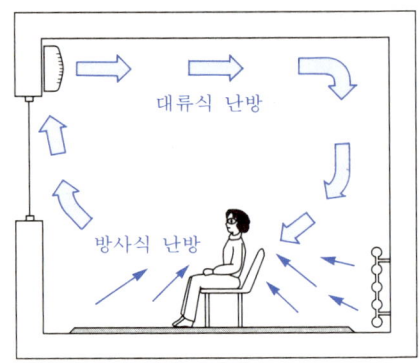

그림 5-3 대류식과 방사(복사)식의 개념도

용한 난방 방식의 대표로서 온풍 난방이 있으며, 방사의 대표 예로서는 바닥 난방이 있다(그림 5-3).

　온풍 난방의 경우, 설치가 비교적 용이한 것이 많다. 실내의 상하 온도차를 3~4℃ 이내로 억제하는 것이 바람직하며, 실의 단열·기밀성 향상, 분출구의 위치, 분출 풍속, 분출 온도 등을 배려한다. 실내 상하 방향의 온도차가 크면, 필요 이상으로 공기의 가열이 필요하게 되어, 에너지 소비량도 증가하며, 공기도 건조하고 양호한 실내 온도의 확보가 어렵게 된다.

　방사 방식인 바닥 난방은, 설정 온도까지의 기동에 다소 시간을 요하지만, 상하 온도차가 작고, 바닥 면적의 70% 이상의 부설 면적을 가지면, 평면적으로도 온도 분포의 차이가 적은 쾌적한 온열 환경을 기대할 수 있다. 다만, 건물의 단열성 확보가 온풍 난방과 마찬가지로 필요하게 된다.

(c) 냉방 방식의 선정

룸 에어컨으로의 대응

실외기 설치 장소의 확보·냉매관·드레인 관의 수납 방식을 조기에 검토!

　냉방 설비는 전기에 의한 히트 펌프식 룸 에어컨으로의 대응이 일반적이다. 룸 에어컨은 실외기와 실내기가 한 쌍으로 대응하는 싱글형과 실외기 1대에 여러 대의 실내기를 접속하는 멀티형이 있다. 집합 주택에서는 효과적인 실외기 설치 장소의 확보가 어려운 경우가 많으므로 멀티형이 효과적이다. 또한, 실내기는 벽에 붙이는 벽걸이형이 일반적인데, 천장 높이에 따라 천장에 설치하는 카세트형도 가능하다. 설계적으로는 어느 경우라도 실외기 설치 장소의 확보, 냉매관, 드레인 관의 수납 방법이 문제가 된다.

(d) 시스템 규모의 선정

시스템 규모

• 개별 방식
• 주호 중앙 방식
• 주동 중앙 방식

　냉·난방 설비를 시스템 규모에서 분류하면 다음 세 가지로 분류된다. 또한, 지역 열원을 이용한 방식도 주동(住棟) 중앙 방식의 베리에이션으로서 생각할 수 있다.

- 실별로 대응하는 개별 방식
- 1주호 내에서 시스템을 완결하는 주호 중앙 방식
- 열원기를 주택간에 공유하는 주동 중앙 방식

냉·난방의 개별화와 집중화에는 각각 장·단점이 있으며, 건물의 규모, 종류, 주거자의 사고 방식, 관리 방식 등에 따라 고려된다. 일반적으로, 생활 습관의 차이나 재산 구분의 명확성 등을 우선적으로 하면 개별 방식·주호 중앙 방식으로 되는 경향이 있으며, 에너지의 효율, 기기 관리의 합리화, 방재 대책의 입장에서는 주동 중앙 방식 등의 집중화의 메리트를 생각할 수 있다.

개별 방식의 경우에는 기종 선택이 주된 과제가 된다. 거실마다 비교적 값싼 설치 비용으로 설치할 수 있고, 에너지원만 확보된다면 기기의 착탈도 비교적 자유롭게 할 수 있다. 또한, 생활 패턴에 맞춘 개별 운전이나 제어가 간단하다. 냉방 기간이 짧은 지역에서, 난방을 중앙 방식으로 한 경우라도 냉방을 개별 방식으로 하는 경우가 많다.

주호 중앙 방식의 경우, 가스를 주체로 한 방식과 전기를 주체로 한 방식과의 시스템 구성은 다르지만, 열원기 등이 집중화되는 메리트가 있는 한편, 바닥 밑이나 벽의 내측을 관통한 온수관이나 냉매관에 의해 접속되기 때문에, 초기부터 대응이 중요하다.

주동 중앙 방식의 경우, 각 주호의 에너지 사용량을 계산하는 장치가 필요하게 된다. 또한, 시스템의 관리 운영을 포함한 요금 체계를 설정하는 것도 필요하다. 그리고, 시스템 규모가 동(棟)을 초과하여 크게 되면, 관리조합 조직내에서 운영하는 것은 곤란하며, 열관리 회사에 의한 관리 운영이 필요할 경우가 많이 생긴다. 주동 중앙 방식에는 쓰레기 소각열의 이용이나 복합 용도 지구에서의 코제너레이션 시스템을 활용한 사례도 있다.

2 냉·난방 방식의 분류

집합 주택에서 채용되고 있는 냉·난방 방식의 분류를 표 5-1에 나타낸다. 방식을 규모별로 분류하면 실별로 개별 방식·주호 중앙 방식·주동 중앙 방식으로 분류되며, 에너지원은 가스·전기가 주체이다. 난방과 냉방은 같은 표에 있는 각 방식을 조합할 수 있지만, 냉방은 주동 중앙 방식으로 하면 냉열원의 반송 동력과 열손실이 크기 때문에, 개별 방식 또는 주호 중앙 방식을 사용하는 경우가 많다. 또한, 급탕이나 욕실 환기 건조 등의 다른 설비와의 조합이나 시스템 확장은, 주호 중앙 방식 또는 주동 중앙 방식에 있어서 가능하며,

표 5-1 냉·난방 시스템의 예[1]

시스템 규모 (냉방/난방)	시스템 흐름도	에너지 자원	열원 설비 (열원 기기)	열원 설비 (설치 위치)	열매 반송 설비	단말 기기 (방열 설비)	타 설비와의 조합 (급탕)	타 설비와의 조합 (욕조 가열)	타 설비와의 조합 (욕실 건조)	설비 확장	특징
개별 / 강제 급배기형 난방기		가스, 등유	개별 난방기	옥내	—	열원기와 일체	불가	불가	불가	온풍 폐기가지	기동이 빠른 난방기
개별 / 공랭 히트 펌프식 룸 에어컨		전기	실외기	옥외	냉매 배관	냉·난방 실내기	불가	불가	불가	멀티 타입 냉매 배관 난방, 태양광 전기 축전지	한랭지에 설치할 경우 주의를 요함
개별 / 공랭 공조기 + 강제 급배기형 난방기		전기, 가스	(냉) 실외기 (난) 실내기	옥외, 옥내	냉매 배관	냉·난방 실내기	불가	불가	불가	—	실내기 일체형으로 한 것
개별 / 공랭 공조기 + 온수 난방기		전기, 가스	(냉) 실외기 (난) 보일러·가스 난방(급탕)기	옥외, 옥내외	냉매 배관, 온수 배관	온수 공조기 팬 컨벡터	가	욕실 히터	가열형	냉·난방 멀티 타입 바닥 난방	온수 이용이 부가 가능
중앙 개별 / 다기능 히트 펌프식 룸 에어컨		전기	실외기 저탕 탱크	옥외	냉매 배관	실내기 저탕 탱크	가	보온 (일 회수)	가열형	저탕 탱크가 필요, 한랭지에 설치할 경우, 주의를 요함	저탕 탱크라 필요
중앙 / 공랭 히트 펌프식 패키지와 유닛		전기	실외기	옥외	덕트	분출구 (흡입구)	불가	불가	불가	풍량 제어 개별과의 조합	개별 제어에 배관 환기와의 조합
중앙 개별 / 공랭 공조기 + 온수 공조기 (팬 컨벡터) + 온수 보일러		전기, 가스	보일러 가스 보일러	옥외	온수 배관	팬 컨벡터 온수 바닥 난방	가	가	가열형	주호별 열교환기 설치하고, 주호내 저압 식으로 온수 공급	주호내 온수 급수열원에 배관 열교환기 필요
중앙 / 가스 냉·온수 발생기 + 팬 코일 유닛		전기, 가스	가스 냉·온수 발생기 + 냉각탑	옥외 (옥내)	냉온수 배관	팬 코일 유닛 온수 바닥 난방	불가 4관식의 경우 중앙 열교환기도 설치하기 가능	불가 4관식의 경우 가능	불가 4관식의 경우 가열형	주호내 공기식도 가능	각 주호에 실외기가 없음. 2관식의 경우, 냉난방 전환 사용이 되는 열 관제가 필요

그 내용은 앞으로의 수요와 기술 개발에 의해, 다양하게 전개될 것으로 예상
된다. 다음에 냉·난방 방식의 예를 설명한다.

[1] 주호 중앙 방식 난방(급탕붙이)+개별 냉방

그림 5-4는 주택에 널리 사용되고 있는 주호 중앙 방식 난방(급탕붙이)+
개별 냉방의 표준 시스템을 나타낸 것이다. 열원 기기는 난방, 급탕을 겸용하
며, 집합 주택 등의 미터 박스에 수용되는 소형기가 보급되고 있다. 온수 배
관 방식은 효율적인 난방을 할 수 있는 헤더 방식으로 하고, 그림에 나타난
바와 같이, 급탕뿐만 아니라 욕조의 추가 가열·욕실의 환기 건조 기능 등과
일체로 되어 있는 시스템을 채용하는 사례도 많다. 주택 내의 온수 배관은 작
은 지름의 동관(銅管) 이외에, 시공성과 경신(更新)성이 뛰어난 각종의 연질
수지관이 채용되고 있다. 연질 수지관은 시공의 용이성, 마무리의 양호성, 에
너지 절감성 등, 뛰어난 재질로서 일반화되고 있으며, 왕복 배관을 한 쌍으로
한 보온관이 사용되고 있다. 또 단말기에서 열원 기기의 제어가 가능하도록,
신호선이 내장되어 있는 것도 있다. 그리고 단말기의 착탈을 자유롭게 할 수
있는 콘센트 형식(온수 콘센트)의 이음도 쓰이고 있다.

히트 펌프 방식에 의한 시스템은 그림 5-2에 나타낸 바 있다. 심야 전력을
중심으로 한 전기 열원을 사용하고, 열의 반송은 냉매로써 한다. 냉·난방 기
능 이외에 저탕조나 열교환기의 조합에 의해, 욕조의 추가 가열·보온이나 욕
실의 건조도 가능하다.

> **팬 컨벡터**
>
> 컨벡터(대류 방열기)의 케이싱 내에 송풍기를 설치하고, 실내 공기를 흡입하여 강제 대류를 일으켜 난방하는 기구

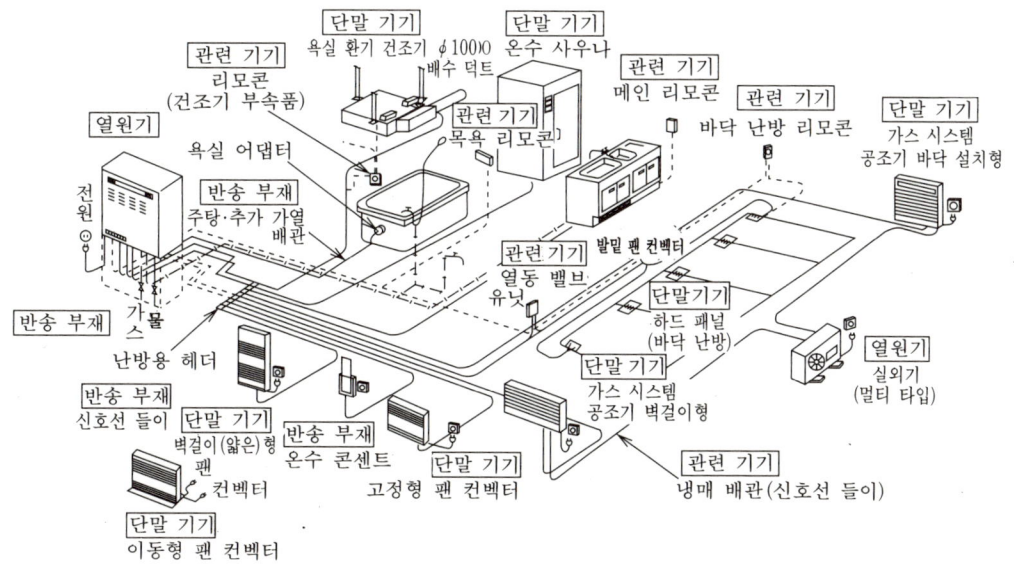

그림 5-4 주호 중앙 방식 난방(급탕 붙이)+개별 난방의 사례[1)

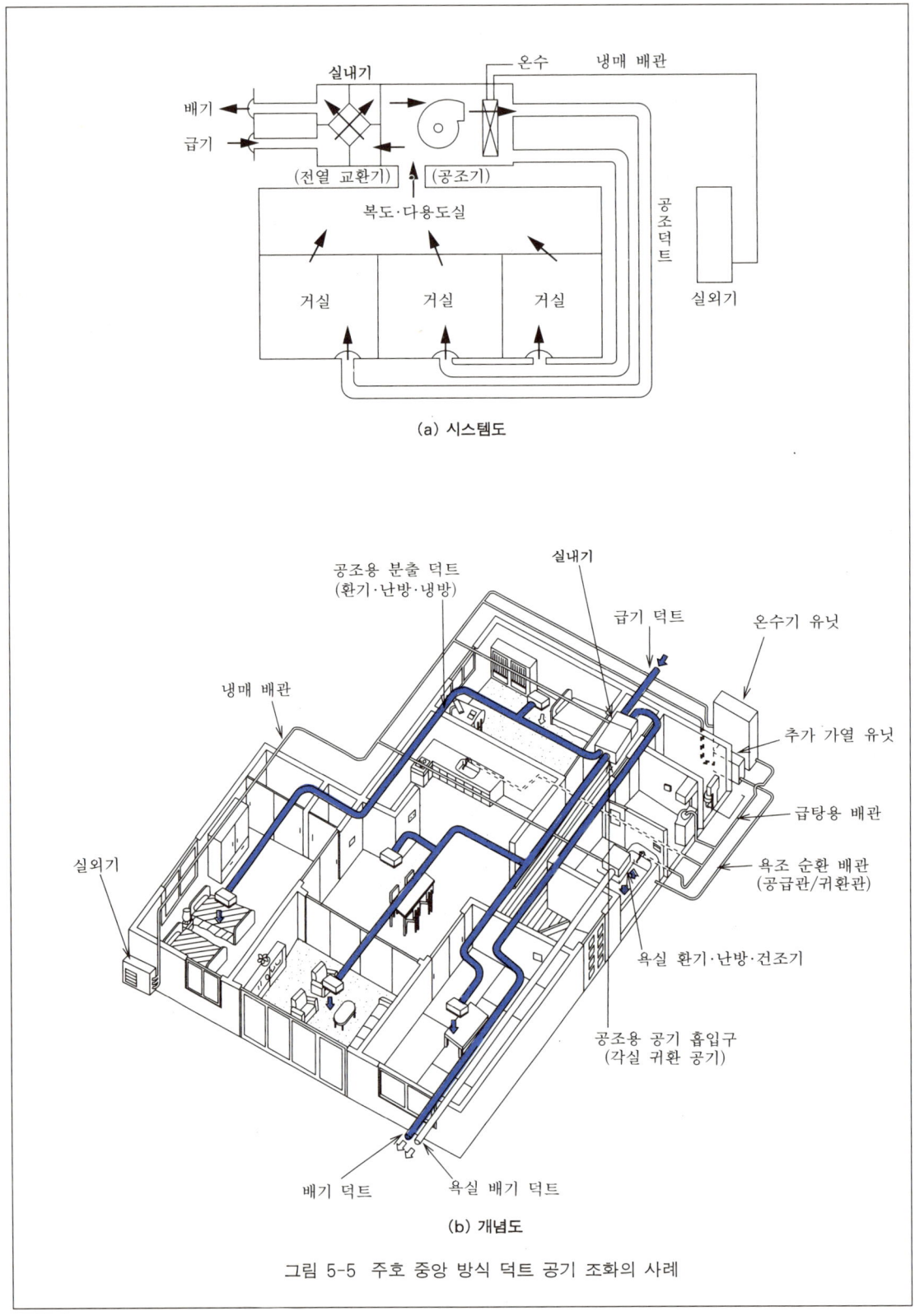

(a) 시스템도

(b) 개념도

그림 5-5 주호 중앙 방식 덕트 공기 조화의 사례

[2] 주호 중앙 방식 덕트 공기 조화

그림 5-5에서는 덕트 방식에 의한 공기 조화 설비의 한 예를 나타낸다. 그림(a)의 난방은 온수(주동 중앙 방식)이며, 냉방은 실외기와 실내기를 냉매로 연결하고, 전열 교환기를 개재시킨 환기도 함께 하는 덕트 공기 조화 방식이다. 또한, 그림(b)는 다기능 히트 펌프에 의한 덕트 공기 조화 방식이다. 덕트 방식은 덕트 수납 공간의 확보나 개별 제어의 어려움 때문에 지연되어 왔지만, 기밀 주택에 대응한 주거 성능의 요구와 품질 향상에 따라, 공기 반송을 주체로 한 기기 개발이 진행되고 있다. 단독 주택의 경우는 비교적 반송 공간을 확보하기 쉽기 때문에 채용하는 예가 증가할 것으로 생각된다. 이 사례는, 환기의 중요성과 실내 환경의 쾌적성 향상을 목표로 한 복합 시스템이며, 지금보다 더욱 발전된 방식의 제안이 요구된다.

[3] 개별 방식

개별 방식은 방열부와 열원 기기가 일체, 또는 한 쌍으로서 설치되며, 난방·냉방 전용기와 냉·난방 겸용기가 있다. 개별 방식의 대표적인 것이 룸 에어컨이다. 룸 에어컨에는 제6장에서 분류한 것처럼 여러 타입이 있으며, 전기로써 운전되는 경우가 많은데, 외기 온도가 낮은 지역에서도 안정된 난방 기능을 발휘할 수 있는 냉매 가열식을 도입한 것도 있다. 또한, 냉매 제어를 하고, 1대의 실외기로 여러 대의 실내기를 운전할 수 있는 멀티형도 있다.

제6장

냉·난방 설비의 설계

주택의 냉·난방 설비의 설계 목표는 대상인 주호에 가장 적합한 열원 방식, 냉·난방 방식, 적정한 냉·난방 기기의 형식 등의 여러 사항에 대하여, 냉·난방 목적의 기능적 성능을 충분히 발휘시키는 것이다. 냉·난방 방식의 향상을 위하여 많은 방식이 개발되어 왔다. 냉·난방 설비를 설계할 때, 이들 방식 중에서 주호의 조건에 가장 적합한 것을 선정하는 것이 중요하다.

이 장의 1절에서는 냉·난방 설비 설계를 할 때의 선정에 대한 사고 방식, 열원 방식, 냉·난방 방식에 대하여 설명한다. 2절에서는 집합 주택의 냉·난방 기기로서 많이 설치되는 히트 펌프식 룸 에어컨의 종류, 선정 방법 및 특징에 대해서 설명하고, 현재 난방 방식으로서 주목받고 있는 바닥 난방의 방식과 종류, 특징에 대해서도 설명한다. 3절에서는 룸 에어컨 설비의 상세에 대하여, 4절에서는 온수 난방 설비의 상세에 대해서 설명한다.

5절에서는 냉·난방 설비의 설계 예로서 일반적인 집합 주택의 방 배치를 이용한 룸 에어컨 방식과, 바닥 난방 방식의 두 가지 예를 소개한다. 또한, 집합 주택은 고기밀이기 때문에 최근, 화제인 고기밀·고단열 주호의 냉·난방 방식을 집합 주택에 응용한 사례로서, 냉매 분기 다실형 룸 에어컨 방식과 덕트식 센트럴 방식의 두 가지 예를 소개하였다.

산업혁명

공업생산에 있어서 수작업(手作業)으로부터 기계 작업으로의 이행. 영국에서 1760년대부터 1840년대의 시기이다.

1 냉·난방 설비의 설계에 임하여

약 200만년 전 인류 역사가 시작된 이래, 인구의 증가 및 생활의 변화와 함께 에너지 소비도 진전되어 왔다. 이러한 변화에도 불구하고 지구의 자정 능력에 의해, 지구 환경은 보전되어 왔다.

그러나 산업혁명 이후, 특히 제2차 세계대전 이후부터 급속한 인구 증가 및 과학 기술의 진보는 인간의 생활 양식을 바꿔 놓았으며, 이에 따른 에너지 소비 역시 가속화되었다. 산업혁명 이전에는 그다지 발생하지 않았던 오존층의 파괴나 지구의 온난화, 각종 화학 물질에 의한 오염 등, 인간이 만들어낸 급격한 변화에 의해 지구가 견딜 수 없게 되었다. 그래서 현재, 인류는 이렇게 오염되어가는 지구를 보호하기 위해 전세계적으로 규제 및 규약을 정하고 있는 실정이다.

주택의 냉·난방 설비 역시, 이러한 글로벌 시대의 대응에 따른 에너지 절감 및 쾌적한 환경의 설비가 요구되고 있다.

오존층 파괴

오존(O_2)층은 지구상의 성층권에 존재하며, 태양광에 포함된 해로운 자외선을 흡수하여 생물을 보호하는데, 현대 생활을 뒷받침해 온 프레온 등의 물질이 오존을 파괴한다.

지구 온난화

인간 활동의 확대에 따라 온실 효과 가스의 배출량이 증대하여 대기중의 농도가 높아지고, 지구표면의 온도가 상승하는 것

[1] 냉·난방 설비 설계시 유의 사항

지구에 대하여 부드럽고, 쾌적한 편의성 등이 점점 더 요구되는 생활 지향

속에서, 현대의 사회 환경에 적합하고, 우리들의 주거 환경의 향상을 도모하는 냉·난방 설비 설계시 유의 사항을 들어본다.

(1) 각 실별로 운전·정지가 가능하고, 온도·습도·풍량 등의 제어가 가능하며, 운전 조작이 간편한 기기일 것

(2) 고효율로 경제성이 높은 기기이고, 설비비·가동비·유지비가 저렴하며, 에너지 절감성을 배려하고 있을 것

(3) 화재나 사고에 대하여, 충분한 안전 장치가 마련되어 있을 것

(4) 내구성이 높고, 경신(更新)·호환성을 갖는 기기일 것

(5) 주변 환경에 대한 친화성이 뛰어난 기기일 것

(6) 환경에 대한 악영향(소음·진동·공기 오염·생태에 대한 영향) 등, 환경 보전성이 높을 것

(7) 주택 건축 계획과 융합(입지 조건·자연 환경 등)성을 갖는 기기일 것

이상은 현대의 사회 환경, 주거 환경에서의 방식에 적합하며, 유아에서 고령자까지 안전하고 쾌적하게 생활할 수 있는 냉·난방 설비의 설계에서 유의할 사항이다.

② 냉·난방 기기의 선정

냉·난방 기기를 선정할 경우에는 우선 방의 넓이나 방위 등으로부터 방의 냉·난방 부하를 계산하고, 방의 부하에 알맞은 기기를 선정할 필요가 있다. 냉·난방의 각종 부하 계산 방법에 대해서는 제4장에 상세히 설명되어 있으므로 참고하기 바란다. 냉·난방 기기는 여러 종류와 형태가 있으며, 이들에 대해서는 6장 2절에서 소개하도록 하고, 여기에서는 기기의 선정과 설치에 대해서 사고 방식(절차)과 주택(주호)이나 건축 구체(軀體)와의 관계에 대해서 유의 사항을 설명한다.

(a) 냉·난방 기기 선정에 대한 사고 방식

냉·난방 설비 설계시 유의 사항을 기초로

(1) 열원은 무엇을 쓸 것인가?(전기, 가스, 태양열 등)

(2) 냉·난방 방식은 어떻게 하는가?(냉·온수 방식, 냉매 방식, 전기 방식 등의 열매 방식이나 대류식, 방사식 등)

(3) 방의 방위나 넓이(창, 문 등을 포함)에 적합한 냉·난방 기기의 냉·난방 능력(냉·난방에서의 부하 계산 등)은 어느 정도 있는가?

(4) 방의 용도나 재실 인원수 등에 대하여 생활 방식이나 가족 구성을 고려한 기기를 선정하는 것이 필요하다.

(b) 부위별 유의 사항

표 6-1에서 냉·난방 효과(온도 분포, 기류 분포 등)와 점검, 보수, 안전성 등을 분류했다.

또한 기기를 설치할 장소(옥내·옥외·발코니 등)의 건축 구조(방위·설비 슬리브 등)와 주호의 방 배치(창·가구의 위치 등)와의 관계를 제시하고 있다.

표 6-1 부위별 유의 사항

부 위	설비 기기	구체(軀體)	유의 사항
옥내	실내기	주택의 방위, 가구의 배치	온도 분포가 좋은 장소를 선정한다.
		창의 위치	겨울의 열 방사나 여름의 일사를 막는 위치 (창 옆에 설치)에 둘 것
		도어의 위치	출입구에서의 열의 누설을 최소로 할 것
		배수구	드레인(제습수)의 처리·점검이 용이할 것
옥외	실외기	설치 주변	기기의 효율·기능을 손상하지 않는 위치에 둘 것
			보수·점검이 가능할 것
발코니	실외기	통로	피난 통로의 확보
		건조 시설	서로 방해되지 않을 것
		다른 설비 배관 및 설비 슬리브	서로 영향을 주지 않을 것
		설치의 마무리	유아의 전락 방지 대책(발판으로 되지 않을 것)
		천장 매달기 설치	외관(미관)상에도 배려할 것
			유지관리·수리가 곤란한 경우가 많다. 설치 마무리에 주의할 것
	열원기		배기나 소음이 옆집에 영향을 주지 않을 것
			CO_2, NO_x 등의 자연 환경에 대한 배려를 잊지 않도록 할 것
			옥내에서 원격 조작을 할 경우, 착화·소화를 확실하게 확인할 수 있을 것
옥내외	배관		냉매관, 드레인관, 전기 배선 등은 관련 기기가 최단으로 되는 경로로 할 것
			배관 등의 콘크리트 내의 매설 배관은 피할 것 (보수·점검이 곤란)
			설치 위치에서의 구체 구조, 방화 구획 등에 주의할 것
			벽·보의 관통에는 구체의 구조에 주의할 것
	턱트		벽·보의 관통에는 구체의 구조에 주의할 것
			보의 관통에서는 구조의 종별에 따라, 위치·크기가 제한된다.
			설치 위치에서의 구체 구조, 방화 구획 등에 주의할 것
			공조용 덕트와 배기 덕트와의 균형에 주의할 것 (쇼트 서킷 방지)
			덕트 내를 통하여 옆방으로 소음 전달이 없도록 주의할 것

2 냉·난방 기기의 종류

주택의 냉·난방 기기의 분류는 우선 열원으로 하는 에너지에 의한 분류와 기능·방식을 중심으로 한 방식별로 분류를 한다. 여기에서 사용하는 용어는 JIS 용어집이나 공기 조화·위생공학회의 용어집에 의한 것이지만, 메이커 등의 이름이 통칭으로서 쓰이는 냉·난방 기기에 대해서는 그들을 준용하였다. 예를 들면, JIS 용어에서는 룸 에어컨디셔너가 정식 이름이지만, 통칭의 룸 에어컨을 이 책에서는 사용하였다.

[1] 냉·난방 설비의 에너지

주택의 설비에는, 「급배수 위생 설비」, 「환기 설비」, 「전기 설비」, 「가스 설비」, 「냉·난방 설비」, 「조명 설비」 등이 있는데, 설비 기기에서는 에너지가 되는 열원이 필요하다.

열원에는 태양열(태양광), 지열, 풍력, 수력 등의 자연의 힘을 이용한 에너지 그리고 가스, 석유 등을 열로 이용한 에너지 및 그것들로부터 전기를 만들어 이용한 에너지 등이 있다. 최근, 자연 에너지의 이용으로서 태양광 발전의 이용도 많아졌다.

냉·난방 기기에 대해서 주택에 한정하면, 직접 생활에 이용할 수 있는 것은 태양열, 석유, 가스, 전기의 4가지 에너지이다. 이 중 태양열과 석유, 가스는 주로 열 에너지(온수나 직화(直火) 등)로서 이용되고, 전기는 열 에너지(전기 히터) 및 히트 펌프식 룸 에어컨 등의 구동용 에너지로서 이용된다.

사용하는 열원으로서의 에너지는 **그림 6-1**의 4가지 에너지이지만, 집합 주택으로서 가장 일반적인 냉·난방 기기의 열원은 전기 및 가스이다.

> **태양광 발전**
> 태양 에너지의 광 기전 효과에 의하여, 태양 에너지를 전기 에너지로 직접 변환하는 태양 전지에 의한 발전을 말한다.

[2] 냉·난방 기기의 분류

열원이나 열매(온수·냉수·냉매·공기 등)로 분류한 것이 **그림 6-2**이다. 냉·난방 기기는 냉·난방 겸용형과 난방 전용형으로 분류된다.

> **열매**
> 공조 장치에 있어서 열에너지를 중계하여 전달하는 유체를 총칭한다.
> 증기, 물, 브라인, 냉매(플론), 공기 등

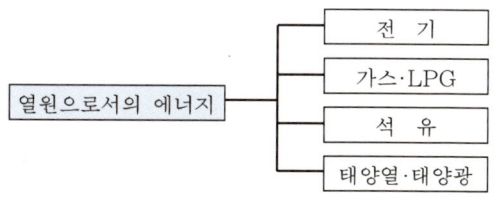

그림 6-1 열원으로서의 에너지

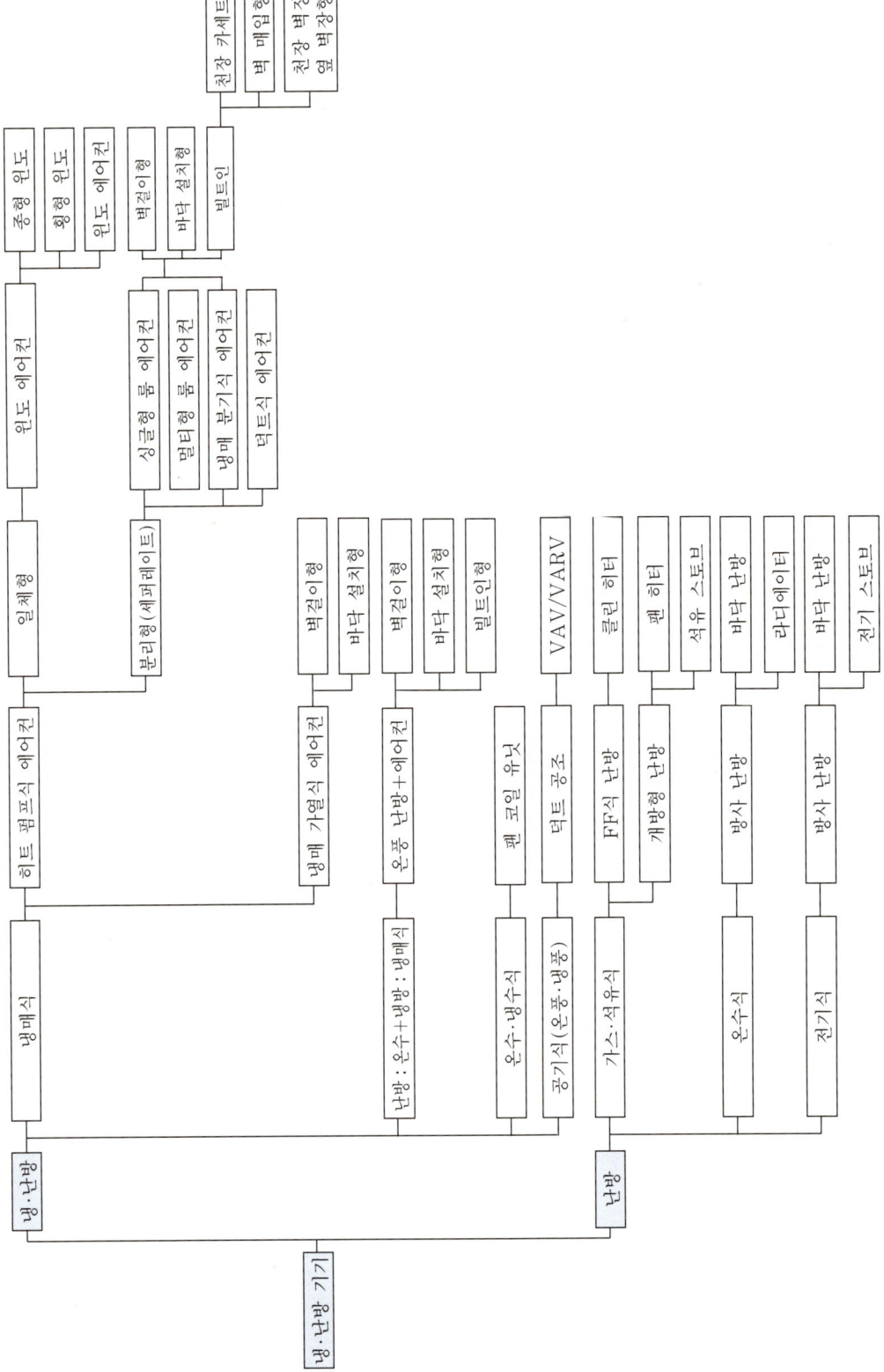

그림 6-2 냉·온방 기기의 분류

(a) 냉·난방 겸용형

(1) 냉매식 냉매식의 냉·난방 기기는 전기를 가열원으로 하며, 냉매를 열매로 한 히트 펌프식 룸 에어컨이다. 벽걸이형 룸 에어컨이나 빌트인형 룸 에어컨 등 형태에 따라 여러 가지가 있으며, 현재의 주호에서는 실내기와 실외기가 분류되며, 냉매 배관으로 접속된 세퍼레이트형 룸 에어컨의 벽걸이형이 주류이다. 한랭지 등에서는 낮은 외기 온도에서의 히트 펌프식 룸 에어컨의 난방 능력 부족을 해소하는 방식으로 난방시에 가스나 석유의 연소에 의하여 냉매를 가열하고, 난방을 하는 냉매 가열 방식의 룸 에어컨도 사용된다.

룸 에어컨의 실외기 형태는 벽걸이형, 바닥 설치형 등의 실내에 노출하여 설치하는 타입이나 천장, 벽 등에 설치하는 은폐형 등도 있으며, 실외기의 형태도 다양하다. 그림 6-3에 룸 에어컨의 기능과 제어의 분류를 나타내고 있는데, 상세한 것은 제6장 3절을 참조하기 바란다.

룸 에어컨은 단독 주호 내에 설비를 완결하는 냉방 기기로서 간편한(설비비·가동비·유지비 등) 설비이다.

(2) 온수+냉매식 온수+냉매식 냉·난방 기기는 냉방시 룸 에어컨과 마찬가지로 냉매로써 냉방을 하지만, 난방시는 온수를 열매로 하여 난방을 하는 방식이며, 이것은 실내기의 열교환기(핀, 튜브형 코일)에 냉매용 열교환기와 온수용 열교환기의 2개의 열교환기를 조립한 것이다. 따라서 배관도 냉매 배관 2개와 온수 배관 2개의 합계인 4개가 필요하다.

(3) 온수·냉수식 온수·냉수식 냉·난방 기기는 보일러나 냉각탑 등의 설비

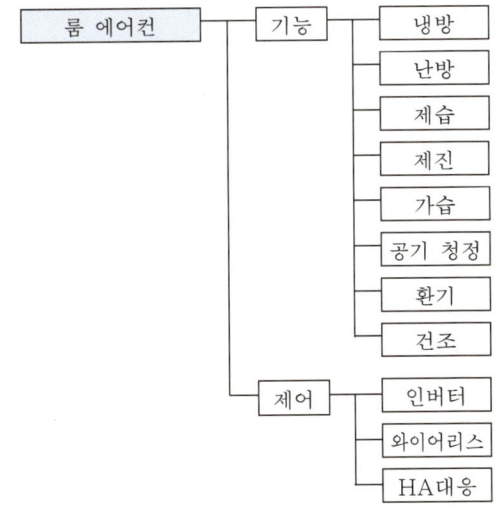

그림 6-3 룸 에어컨의 기능과 제어

VAV⁶⁾(variable air volume)

단일 덕트나 2중 덕트 방식에 있어서 실내의 부하가 변동했을 때 취출 온도를 변하지 않게 취출 풍량을 바꿔 최적성을 높이는 방식을 말한다.

를 사용하고, 열매로서 물을 이용하여 온수·냉수를 발생시켜 팬 코일 유닛 등의 실내기로써 냉·난방하는 방식을 말한다. 흡수 냉동기의 일종으로서 보일러가 불필요한 냉·온수 발생기도 있다.

(4) **공기식**   공기식 냉·난방 기기는 실내기로서 에어 핸들링 유닛(열교환 코일, 송풍기 등으로 구성되어 있다)을 기계실 등에 설치하고, 열매로서 냉매나 온수·냉수를 이용하고, 실내기로부터 온·냉풍을 덕트로써 각 방에 송풍하여, 각 방에 설치된 아네모형 디퓨저로부터 분출하여 공기 조화하는 방식이며, 리턴 공기의 덕트도 설치해야 한다.

천장 내의 덕트 설치, 실내기, 실외기 등 설비가 대형으로 되고, 집합 주택의 냉·난방 방식으로서 1주호만으로의 채용은 적으며, 일반적으로 점포나 사무실 등의 빌딩 공기 조화기에 적합하다.

룸 에어컨의 천장 은폐형을 사용하여 한 개 방만을 냉·난방 기기로 하는 덕트식 룸 에어컨도 있지만, 일반적으로 이 방식은 룸 에어컨에 속하며, 공기식이라고 부르지 않는 것이 보통이다.

(b) 난방 전용형

(1) **가스·석유식**   가스나 석유를 직접 연소시키는 팬 히터나 클린 히터의 온풍식 난방이다.

(2) **온수식**   온수로써 라디에이터나 바닥 난방 패널 등으로부터 방사열을 난방으로 한 것이다.

(3) **전기식**   전기 히터의 방사열을 바로 이용한 개방형의 전기 스토브 등이 있는데, 이것은 국소(발의 밑 부분 등)만의 난방 보조기로서 이용되며, 방전체를 난방하는 것은 아니다. 그러나 전기 히터를 바닥면에 부설하여 방사열을 이용한 전기식 바닥 난방도 있다.

온수·냉수식이나 공기식은 열원기(온수 보일러)나 에어 핸들링 유닛, 냉각탑 등을 주호간에 공유하는 주동(住棟) 중앙 공기 조화 방식이나, 냉·난방 기기가 대형으로 되는 등의 문제가 있다.

3 룸 에어컨 설비

냉매를 사용한 전기식 룸 에어컨(히트 펌프식)은 접속 가능한 실내기의 수와 형태에 따라 싱글형 룸 에어컨, 멀티형 룸 에어컨으로 분류된다. 여기에서는 각 기기의 특징과 방식, 능력의 선정 방법에 대하여 설명한다.

[1] 룸 에어컨의 분류와 특징

(a) 싱글형 룸 에어컨

싱글형 룸 에어컨은 실외기 1대에 대하여 실내기가 1대 접속 가능한 타입이다. 실내기와 실외기가 분리된 스플릿형(세퍼레이트형이라고도 한다)이 일반적이며, 실내기와 실외기는 냉매용의 접속 배관, 전원선과 신호선을 겸한 접속 배선으로 연결되어 있다.

(1) 압축기의 구동 방식에 의한 분류　싱글형 룸 에어컨은 압축기의 구동 방식에 따라 다음의 두 가지로 분류된다.

■ 노멀형　압축기의 회전수가 전원 주파수와 동기하여 일정하기 때문에 (50Hz 지구에서는 50rps, 60Hz 지구에서는 60rps), 간헐 운전에 의해 능력을 가변하여 실온을 컨트롤한다. 따라서 실온의 변동이 커지므로 소비 전력도 증가한다.

■ 인버터형　압축기의 회전수 변화에 의해 능력을 가변하여 실온을 컨트롤한다. 운전개시 직후는 압축기를 고회전으로 운전하여 능력을 크게 하기 때

룸 에어컨
일반적으로 정격 냉방 능력이 10kW 이하이고, 정격 냉방 소비 전력이 3kW 이하인 것을 말한다.

압축기
냉동 사이클의 흐름을 만드는 원동력. 모터의 회전 운동을 압축 운동으로 바꾸어, 증발기에서 증발한 저압의 냉매를 고압으로 압축하여 응축기로 보내는 장치

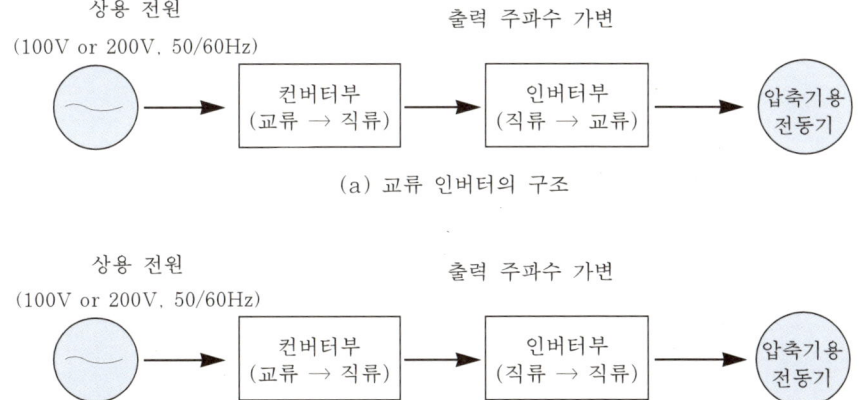

그림 6-4 인버터의 구조

문에, 설정한 온도까지의 도달 시간이 빠르다.

실온이 안정되면 압축기를 저회전으로 운전하여 능력을 작게 하고, 되도록 간헐을 줄여 연속적인 운전을 한다. 이 때문에 실온의 변동이 작아지면 동시에 소비 전력도 억제할 수 있다(그림 6-4).

(2) **능력 랭크**   기기의 정격 냉방 능력, 정격 난방 능력은 JIS C9612에 따라 표 6-2와 같이 정해져 있는데, 정격 냉방 능력과 정격 난방 능력의 조합은 제조 메이커마다 다르다. 또한, 인버터형의 능력 가변폭도 기기마다 다르다.

(3) **실내기의 형태**   실내기에는 벽걸이형, 바닥 설치형, 천장 카세트형, 벽 매입형 등의 빌트인형이 있다(그림 6-5).

■ **벽걸이형**   가장 일반적인 형태로 설치가 용이하나 인테리어성에 약간 뒤진다.

■ **빌트인형**   천장 카세트형, 벽 매입형, 천장 벽장·옆 벽장형, 덕트형 등이 있으며, 인테리어성을 중요시 할 경우에 쓰인다.

거실에는 천장 카세트형, 다다미방에는 벽 매입형, 천장 벽장·옆 벽장형을

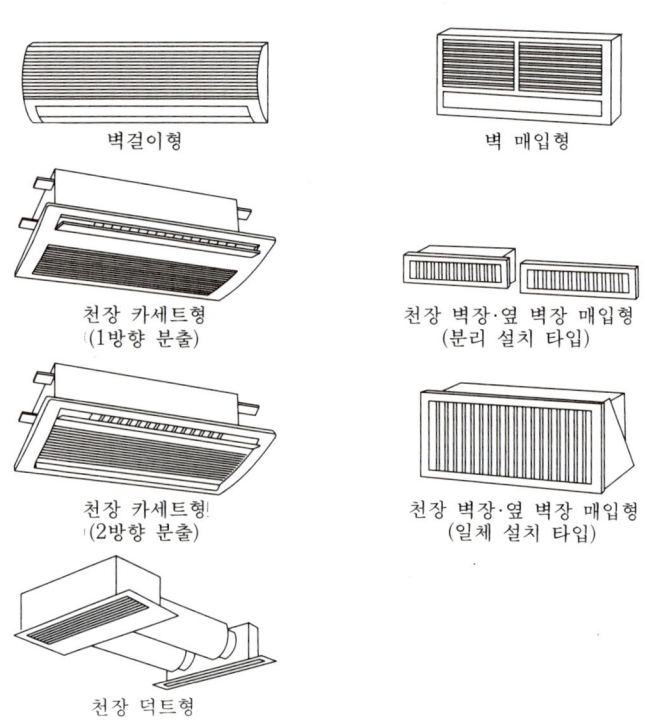

벽걸이형

벽 매입형

천장 카세트형
(1방향 분출)

천장 벽장·옆 벽장 매입형
(분리 설치 타입)

천장 카세트형
(2방향 분출)

천장 벽장·옆 벽장 매입형
(일체 설치 타입)

천장 덕트형

그림 6-5 실내기의 형태

표 6-2　JIS C 9612의 규격 개요

룸 에어컨디셔너(room air conditioners)	
적용 범위	정격 냉방 능력은 10kW 이하, 정격 냉방 소비 전력이 3kW 이하
정격 냉방 능력〔kW〕	1.0　1.1　1.2　1.4　1.6　1.8　2.0 2.2　2.5　2.8　3.2　3.6　4.0　4.5 5.0　6.3　7.1　8.1　9.0　10.0
정격 난방 능력〔kW〕	1.6　1.8　2.0　2.2　2.5　2.8　3.2 3.6　4.0　4.5　5.0　5.6　6.3　7.1 8.0　9.0　10.0　11.2　12.5　14.0　16.0 18.0
기능 종류	냉방 전용 냉·난방 (히트 펌프 및 히트 펌프·보조 전열 장치 병용) 겸용 냉방·전열 장치 난방 겸용
구성 종류	일체형 분리형
냉각 방식 종류	공랭식 수랭식

정격 능력

JIS로 정해진 온도 조건에서 측정된 능력
[난방]
• 실내　20/－℃
• 실외　 7/6℃
[냉방]
• 실내　27/19℃
• 실외　35/24℃
　(건구/습구 온도)

사용할 경우가 많다. 덕트형은 흡입구 및 분출구를 분리할 수 있기 때문에, 벽걸이형이나 빌트인형에 비하여 실내의 온도 분포가 균일하게 되며, 쾌적성을 중요시할 경우에 쓰인다.

(4) 실외기의 형태　실외기에는 일반 바닥 설치형이나 높이가 낮은 로보이형 등이 있다. 엑스테리어(옥외 장식)성을 배려하여 설치 공간에 대응해서 선정한다(그림 6-6).

■ 바닥 설치형　발코니 등의 바닥에 놓거나 발코니 상부에 매다는 경우도 있다.

■ 로보이(매닮)형　높이가 낮기 때문에, 발코니 상부에 매달을 경우, 바닥 높이형보다 머리 위의 공간에 여유가 있고 외관도 향상된다.

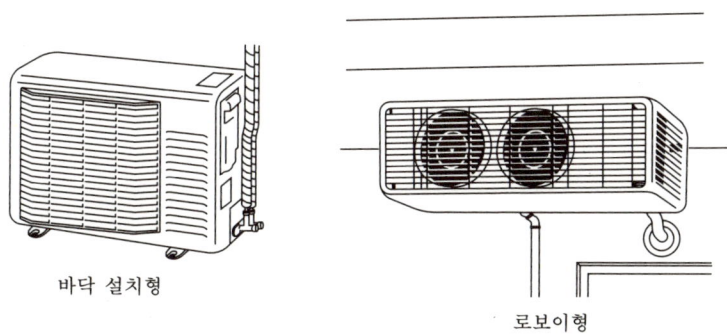

바닥 설치형　　　　로보이형

그림　6-6 실외기의 형태

(5) 제어   싱글형 룸 에어컨의 제어는 리모콘의 제어, 실내기의 제어, 실외기의 제어로 나뉜다(그림 6-7).

■ 리모콘에 의한 제어   리모콘은 와이어리스식과 와이어드식의 두 방식이 있으며, 현재는 와이어드식이 주류를 이루고 있다. 난방, 냉방, 제습 등의 운전 모드, 풍량, 실온, 타이머 작동 등을 설정하여 실내기로 설정 내용을 송신한다.

■ 실내기의 제어

1) 실온 제어

• 실온 센서의 검지(檢知) 온도와 리모콘에 의한 설정 온도와의 차이로 실온을 제어한다. 인버터형은 압축기의 회전수를 제어하고, 노멀형은 압축기의 ON/OFF에 의해 제어한다.

• 리모콘에 의한 풍량 설정으로 실온을 제어하는 방식과, 실온과 설정 온도와의 차이로 실내 팬의 회전수를 제어하는 방식이 있다.

2) 보호 제어

• 열교환기의 온도를 검지하여 난방시는 압축기의 배출 압력의 상승을 막고, 냉방시는 열교환기의 동결을 방지한다.

• 노멀형은 압축기의 입력 전류를 검지하여 실외 팬의 ON/OFF를 제어한다.

■ 실외기의 제어

1) 실온 제어

• 실내기로부터 보내진 정보에 의해, 인버터형은 압축기의 회전수를, 노

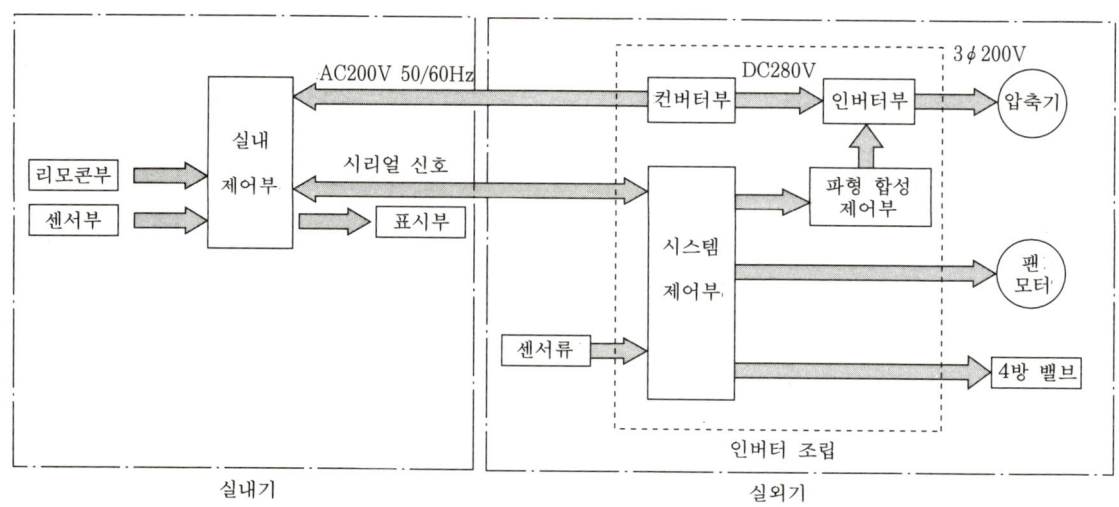

그림 6-7 제어 블록도

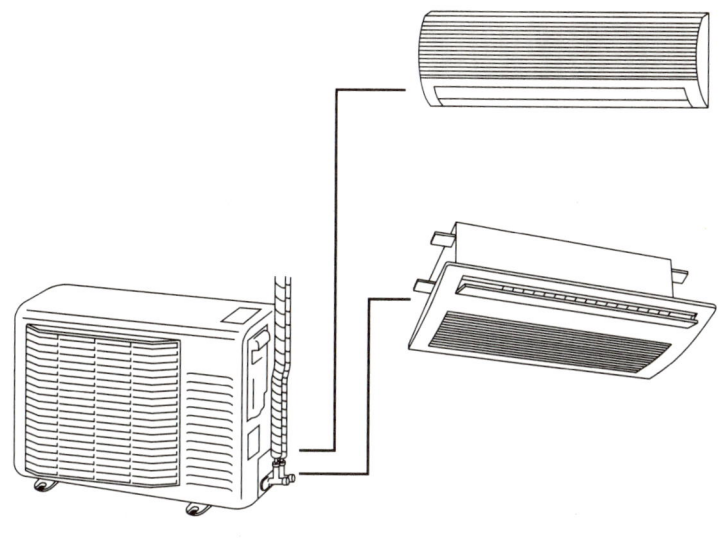

그림 6-8 멀티형 룸 에어컨

멀형은 압축기의 ON/OFF를 제어한다.

• 상기의 압축기 동작에 맞추어 실외 팬의 회전수를 제어한다.

2) 보호 제어

• 압축기의 배출 냉매 온도를 검지하여 압축기의 회전수를 제어하고, 압축기의 온도 상승을 억제한다.

• 실내기로부터의 정보에 의해 압축기의 회전수를 제어하고, 난방시는 압축기의 배출 압력의 상승을 막고, 냉방시는 열교환기의 동결을 방지한다.

3) 그 밖의 제어

• 난방 운전시는 실외 열교환기의 온도 때문에 실외 열교환기에 대한 착상(着霜)을 검지하여 서리 제거 운전을 한다.

(b) 멀티형 룸 에어컨

실외기 1대에 대하여 실외기가 여러 대 접속 가능한 타입이며, 냉·난방 장소가 여럿일 경우에 사용하면 실외기의 설치 공간을 절약할 수 있다(그림 6-8).

(1) 실내기　실내기를 2대 접속할 수 있는 타입을 2실 멀티, 3대 접속할 수 있는 타입을 3실 멀티라고 한다. 가정용으로는 6실~7실 정도의 멀티도 있다. 실내기 설치에 있어, 능력 랭크나 형태(싱글형 룸 에어컨과 같은 벽걸이형, 빌트인 형 등)를 자유로 선택할 수 있는 타입과 미리 결정된 실내기 밖

에 접속할 수 없는 타입이 있는데, 후자는 2실 멀티에 많다.

또한, 실내기 접속 방법에 있어, 1실을 거실용의 능력이 큰 실내기로 접속하고, 다른 실을 침실이나 어린이방용의 능력이 작은 실내기를 접속할 수 있도록 한 타입과 전실 모두 능력이 작은 실내기를 접속하도록 한 타입이 있다.

(2) 제어   기본적인 제어는 싱글형 룸 에어컨과 똑같다. 다만, 가정용 멀티 에어컨은 대개의 기종이 각 실내기로 난방 운전과 냉방 운전을 동시에 할 수 없기 때문에 주의할 필요가 있다.

② 기기의 선정

〔1〕항에서 설명한 각 방식과 각각에 대한 능력이나 기기의 선정 방식에 대하여 설명한다.

(a) 방식의 선정

어느 방식에서나 소비 전력과 쾌적성을 최우선으로 할 경우에는 인버터형을 선택하는 쪽이 좋다.

싱글형 룸 에어컨은 에너지 절감형과 다기능형, 고급 기종이나 보급 기종 등 기종수가 풍부하기 때문에, 냉·난방 장소에 대응하여 자유로이 선택할 수 있다. 난방 장소가 여럿일 경우, 멀티형 룸 에어컨을 선택하면 실외기의 설치 장소를 절약할 수 있다.

(b) 능력의 선정
(1) 싱글형 룸 에어컨

난방 부하와 냉방 부하의 양쪽을 비교하여, 적정한 능력의 기기를 선택한다. 기본적으로는 4-2절의 부하 계산 결과에 의거하여 선정하는데, 이 계산 결과는 안정할 때의 것이기 때문에, 빈번하게 운전·정지를 할 경우나 실온이 설정 온도까지 도달하는 시간을 중요시할 경우, 부하 계산 결과보다도 능력이 약간 큰 기기를 선정한다.

(2) 멀티형 룸 에어컨

실내기는 각 실별로 난방 부하와 냉방 부하의 양쪽을 비교하여 적정한 기기를 선택한다. 다수의 실을 동시 운전하면 1실당의 능력이 저하되기 때문에, 실외기는 동시에 운전할 방의 부하나 빈도에 따라 합계 부하에 알맞은 능력의 기기를 선정한다.

4 온수 난방 설비

온수 난방 설비는 열원기(급탕기)에서 발생한 온수를 내장한 순환 펌프로써 온수를 순환시키고, 단말기(방열기 등)를 개재시켜 난방하는 방식이다. 급탕기를 열원으로 하여 주택의 설비 설계를 계획할 경우에는 **그림 6-9**와 같이 급탕과 난방에 이용하는 것이 일반적이다.

[1] 온수 난방 설비의 분류와 특징

(a) 온풍 난방

(1) 개요　방열기에 보내진 온수(80℃)를 실내의 공기와 교환하여, 따뜻해진 공기를 실내측에 송출하여 난방하는 방법이다.

방열기는 그 설치 장소에 따라 발 밑 조립형·은폐형·천장 카세트형·벽 매입형·바닥 설치형·벽걸이형으로 나뉜다. 최근에는 거실의 난방 이외에도 욕실이나 탈의실을 입욕 전에 따뜻하게 해두는 욕실·탈의실 난방, 욕실을 건조실로서 사용하는 욕실 건조 등 용도가 다양해지고 있다(그림 6-10).

(2) 특징　온풍 난방의 특징은 스위치를 넣어 비교적 단시간에 온풍이 분

난방 전용 열원기

증설 등으로 난방 전용으로 열원기를 사용하는 경우도 있다.

열원의 종류

온수를 이용하는 난방 방식의 열원으로서는, 전기·가스·등유 등이 있다. 여기에서는 주로 가스에 의한 온수 바닥 난방에 대해서 설명한다.

욕실 주변의 난방

특히, 겨울에 효과적이다.

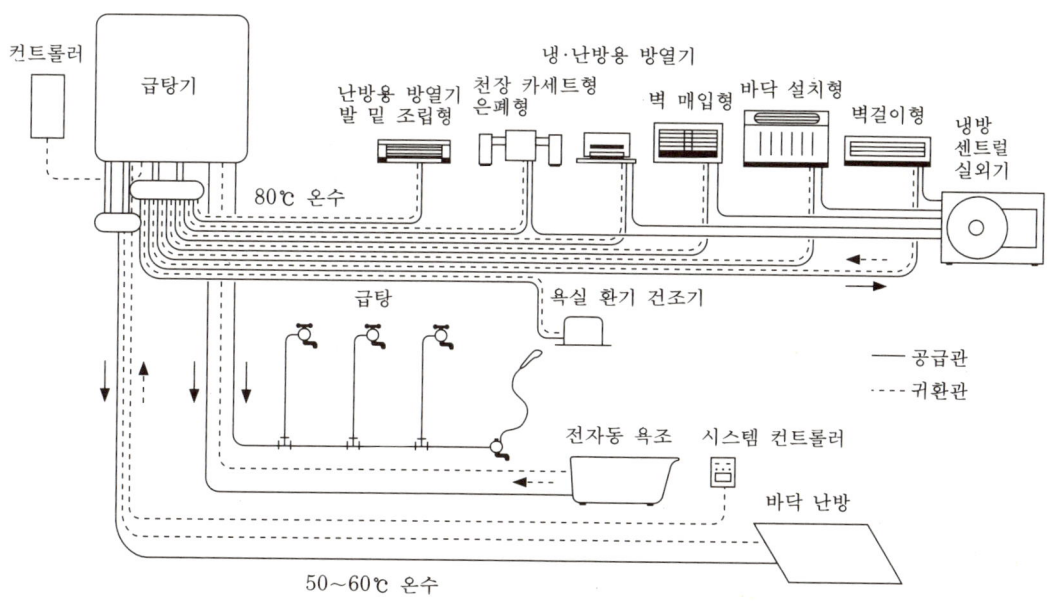

그림 6-9 급탕기를 이용한 시스템 구성도[9]

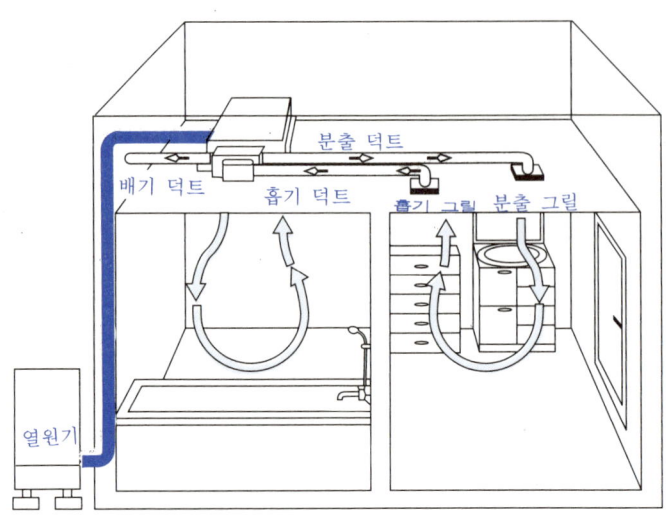

그림 6-10 욕실·탈의실 난방, 건조 장치[10]

설비 설계시의 주의할 점

방의 체적·구조와의 관계로 여러 곳에 설치할 필요가 있을 경우도 있다.

출되지만, 주로 대류 난방에 의하기 내문에, 친장 부근에 따뜻한 공기가, 바닥 부근에 찬 공기가 체류하는 경향이 있다. 따라서 설비 설계의 단계에서는 온풍 분출구의 위치를 고려하여 설계해야 된다.

또한, 이 방식의 경우, 온풍에 의해 방의 먼지 등이 날리는 수도 있어서, 주거자와의 사전 협의를 충분히 해둘 필요가 있다.

방사 난방

복사 난방이라고도 한다.

(b) 방사 난방

(1) 개요   온풍 난방에 대하여 또 하나의 온수를 이용한 난방 방식으로서 방사 난방을 들 수 있다. 방사 난방으로서는 바닥 난방이 일반적이며 최근에 급속히 보급되고 있다. 바닥 난방은 열원기에서 만든 온수(약 60℃)를 온수 매트에 순환시켜, 바닥 마감재(플로어링 등)를 통해서 그 방사열로 실내를 난방하는 방식이다(그림 6-11).

바닥 마감재

대리석·응회석(凝灰石) 등이 있다.

바닥 마감재는 플로어링이나 카펫이 일반적인데, 이 밖에도 코르크, 다다미, 염화비닐 시트, 염화비닐 타일 등 여러 종류가 있다.

바닥 난방

머리는 차고, 발이 따듯한 경우, 이상적인 난방이라고들 한다.

(2) 특징   바닥 난방은 바닥면을 약 30℃의 방사열로 난방하기 때문에 먼지가 날리는 일은 없다. 그리고 수직면의 온도 분포에서도 방 전체가 균일하게 따뜻해지는 특징이 있다.

바닥 난방의 설계에 있어서는 방의 바닥 면적에 대해서 어느 정도의 부설률을 취할 수 있는가가 중요하다. 일반적인 부설률의 기준은

부설률(敷設率)

방의 면적에 대한 온수 매트의 부설 비율이다.

- 단독 주택 : 방의 바닥 면적이 약 70% 이상
- 집합 주택 : 방의 바닥 면적이 약 60% 이상

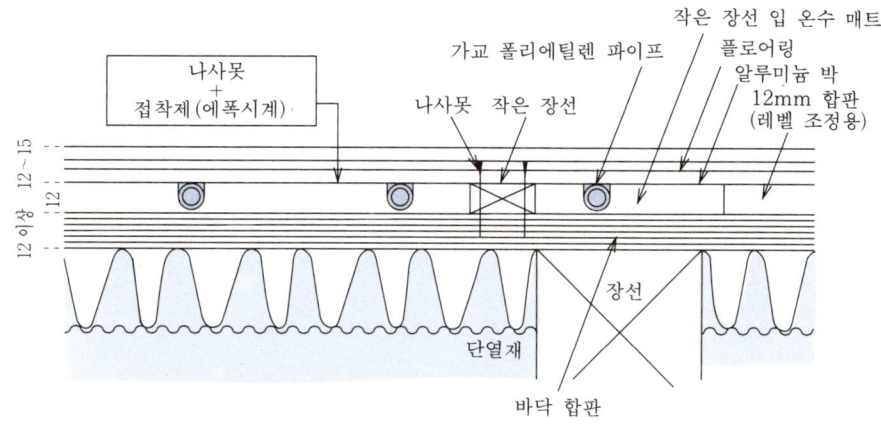

나사못
+
접착제(에폭시계)

가교 폴리에틸렌 파이프

작은 장선 입 온수 매트
플로어링
알루미늄 박
12mm 합판
(레벨 조정용)

나사못　작은 장선

12 ~ 15
12
12 이상

장선

단열재

바닥 합판

그림 6-11 플로어링 마감의 단면도 (예)[10]

이다. 한랭지 등의 환경 조건에서 바닥 난방의 난방 능력이 필요한 난방 부하보다 작게 될 경우, 부설률을 높이거나 다른 난방 기구의 병용도 검토할 필요가 있다.

또한, 최근의 경향으로 집합 주택에서 소리의 문제가 있다. 아래 층에 소리의 영향을 가급적 작게 하도록 LL40과 같은 방음형의 바닥 난방 공법도 개발되어 있으므로, 설비 설계의 단계에서는 주의하여 설계할 필요가 있다.

온풍 난방, 바닥 난방의 온도 분포는 **그림 6-12**와 같으며, 바닥 난방인 경우의 바닥 표면 최적 온도는 28℃±3℃라고 한다(**그림 6-13**).

난방 부하

난방 부하는 구체(軀體) 온도·외기 온도 등에 따라 변화하므로 생략했다.

LL

소리의 레벨을 나타내는 기호. Level의 L과 Light의 L의 약어

[2] 바닥 난방 설비

바닥 난방은 두한족열(頭寒足熱)의 이상적인 난방으로서 최근에 급속히 보급되고 있는데, 그 개요를 아래에 설명한다.

(a) 바닥 난방의 종류

바닥 난방의 장치 종류는 그림 6-14와 같다. 크게 분류하면 설비에 내장하는 설비형, 깔개처럼 바닥 위에 놓는 간이형으로 나뉜다.

(b) 바닥 난방 설비의 구조

(1) 온수식 바닥 난방　구조적으로 다음의 구조가 널리 채용되고 있다.

■ 매입 방식　직접, 바닥 면에 매설하는 방식이며 콘크리트 슬래브 위에 단열재, 용접 철망 또는 배관 고정 돌기를 마련한 단열재를 설치하고, 그 위에 온수 순환 파이프를 현장 공사로 배관하여, 콘크리트를 치고서 바닥 마감재를 시공하는 방식이다.

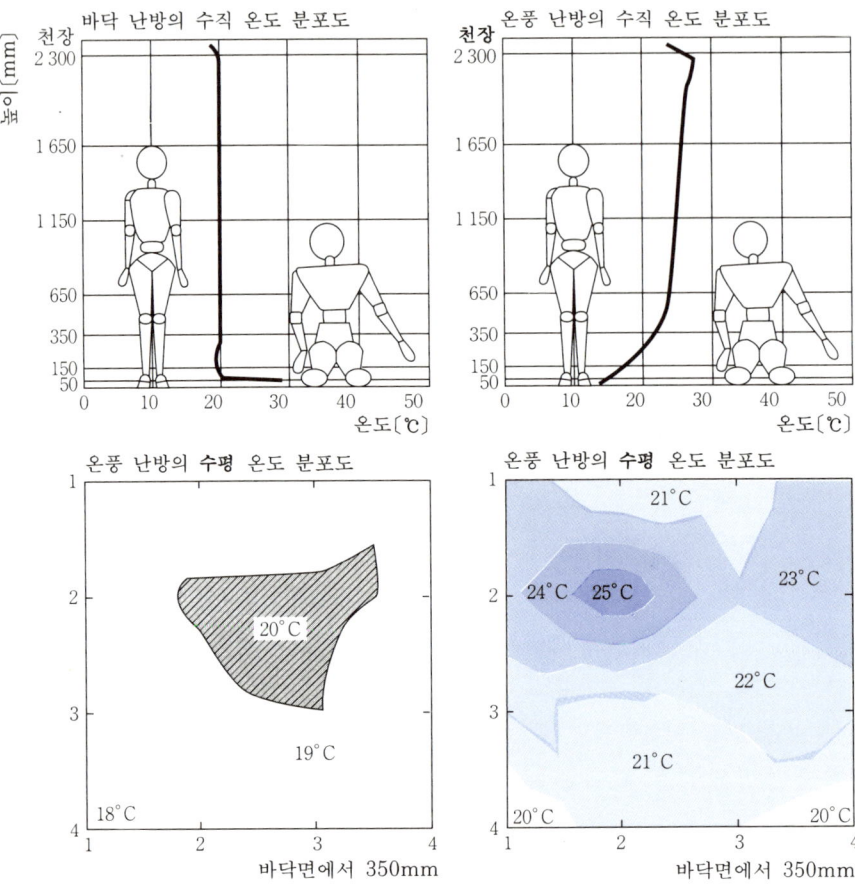

그림 6-12 온풍 난방, 바닥 난방의 온도 분포도[11]

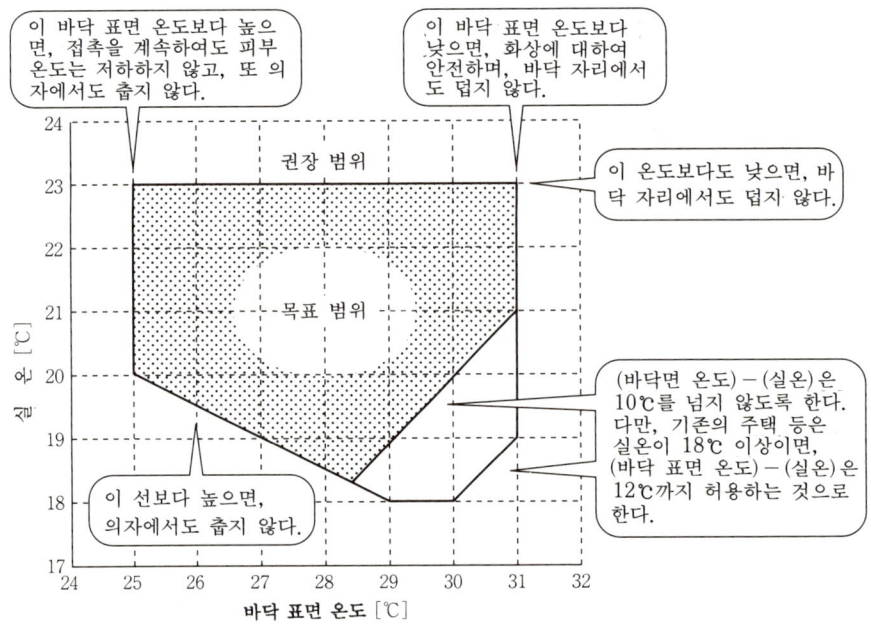

그림 6-13 바닥 난방을 할 경우의 바닥 표면 온도·실온의 권장 범위[12]

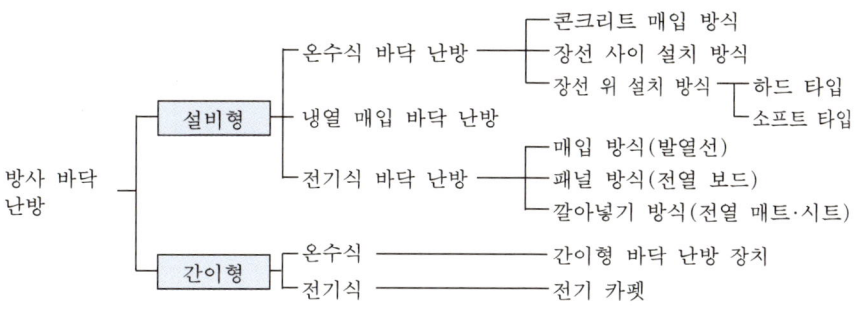

그림 6-14 바닥 난방 장치의 종류

■ **장선 사이 설치 방식** 방열부로 되는 바닥 난방 패널을 마루 밑 장선과 장선 사이에 설치하는 방식이다. 패널 일체형과 방열부의 온수 파이프·방열판 등의 주요 부품을 현장에서 조립하는 타입이 있다.

■ **장선 위 설치 방식(하드 타입)** 방열부 치수를 다다미 크기로 맞추고, 온수 파이프·방열판·단열재 등을 1매의 패널로 하여 공장 생산한 것이다. 패널의 크기에 대해서는 통일된 규격으로서 정해져 있다. 장선의 사이에 단열재를 넣고, 그 위에 하드 패널을 붙이는 형태이기 때문에 장선 사이 설치 방식에 비해 바닥 마감재를 자유로 선택할 수 없게 된다.

■ **장선 위 설치 방식(소프트 방식)** 앞에서 설명한 하드 패널에 대하여 파이프에 수지관을 채용하고, 구조적으로 발포수지를 사용하여 소프트 온수 매트로 한 것이며, 하드 타입과 똑같이 설치할 수 있다.

> **장선**
> 목조의 바닥조에서 바닥판을 받기 위해 300~400mm 간격으로 주근 위에 늘어놓은 바탕재

(2) 전기식 바닥 난방

■ **매입 방식** 바닥면에 직접 매설하는 방식이며 콘크리트 슬래브 위에 단열재를 깔아 그 위에 발열선을 매입한 모르타르를 깔아, 바닥 마감재를 시공하는 방식이다. 발열부는 시설 현장에서 발열선을 일정한 폭과 배선 간격으로 배선하는 방법과, 발열선을 소정의 폭, 배선 간격으로 발처럼 끼운 것을 현장에서 전개 시공하는 방법이 있다.

■ **패널 방식** 전열 보드라는 패널로써 바닥 난방을 하는 것이며, 다음의 두 종류로 대별된다.

• 바닥 마감 일체형 : 목질계의 플로어링에 발열 소자를 끼운 전열 보드 그 자체로 바닥 마감이 완성되는 것

• 마감재 분리형 : 별도의 마감재가 필요하며, 전열 보드는 발열체로서의 기능만 보유하는 것

바닥 마감 일체형은 고객의 요구에 대응하여 개발된 목질계 플로어링 바닥 마감형이며, 마감재 분리형은 기존에 실용화되어 있던 것으로 거의 다다미 치

수에 가까운 것을 중심으로, 세로 방향 분할, 가로 방향 분할, 1/4 크기의 것이 준비되어 있으며, 마감재로서는 플로어링·카펫 등 여러 가지가 있다.

■ 깔아 넣는 방식 면(面)모양의 발열 소자, 선 발열 소자 및 합성 수지의 주머니에 삽입한 전열 시트를 마감재의 밑에 깔아 넣어 난방하는 방식이며, 장선 사이에 설치하는 건식 공법과 콘크리트에 매설하는 습식 공법의 두 종류가 있다.

(c) 온수식 바닥 난방 설비의 설계

주거자의 요망에 의거하여 여러 조건(장소·기후·사용 조건 등)을 고려한 후에, 열원기의 선정·단말기의 설치 장소·배관 경로 등을 설계한다. 또한, 주위의 환경을 고려하여 기기 및 근린에 대한 영향(배기·소음·진동 등)이 없도록 유의한다.

(1) 부설하는 방의 결정 바닥 난방 부설의 첫번째는 방을 결정하는 것이다. 가족이 자주 모이는 장소로는 거실이나 식당을 들 수 있고, 그 밖의 방(어린이방·침실)이나 장소(욕실)라도 바닥 난방의 메리트는 많이 있다.

(2) 부설 면적 부설률의 기준은 단독 주택에서는 약 70% 이상, 집합 주택에서는 약 60% 이상이다. 바닥 난방을 쾌적한 주 난방으로서 이용하려면, 가급적 넓은 면적에 부설하는 쪽이 효과적이다.

방에 필요한 난방의 열량을 난방 부하라 하는데, 이것은 다음의 요소에 따라 달라진다.
- 건설지의 장소나 기후
- 건물의 구조
- 단열의 형식
- 주위 주거의 상황

한랭지 등, 환경 조건에서 바닥 난방의 난방 능력이 필요한 난방 부하보다도 작아질 경우, 다른 난방 기구와의 병용을 검토할 필요가 있다.

(3) 바닥 난방의 설계 순서

① 바닥 난방을 부설하는 방의 난방 부하의 산출 바닥 난방을 부설하는 방의 난방 부하 산출에 있어서는 직접 바닥 난방을 하는 방의 난방 부하를 계산하고, 그 밖에 배관의 열손실(1m당 12~46W{10~40kcal/h} 정도), 바닥 난방 부분의 마루 밑으로의 방열 손실(위 면으로의 방열량의 약 절반 정도) 등을 미리 계산하여 산출한다.

② 열원기의 선정　난방 부하에 걸맞은 열원기를 선정한다. 바닥 난방을 사용하는 방의 수가 많을 경우, 동시 사용률 등도 고려하여 열원기를 선정한다.

③ 배관 경로·배관 지름의 결정　개개의 건물에 대해서 온수 배관의 경로를 결정한다. 또한, 기기의 접속구 지름과 배관의 압력 손실을 고려하여 배관 지름을 결정한다.

④ 보유 수량(水量)의 확인　각 단말기의 보유 수량과 온수 배관의 보유 수량과의 합계가 팽창 수조의 허용 수량을 초과하지 않도록 주의하여 팽창 수조의 용량을 결정한다.

　　〈수조 용량의 계산식〉

$$V = \frac{G \cdot \varepsilon}{1 - \dfrac{P_1 + 0.098}{P_2 + 0.098}}$$

　　V : 수조 용량[l]

　　G : 회로의 보유 수량[l]

　　ε : 물의 팽창률[%]

　　P_1 : 수조의 충전 압력[MPa{kgf/cm^2}]

　　P_2 : 수조에 작용하는 최고 압력[MPa{kgf/cm^2}]

　　　　(안전 밸브 작동 압력)

⑤ 시스템 능력의 체크　온수 회로의 손실 수두(단위 길이당의 배관 손실 수두×관 길이)를 계산하고, 순환 펌프를 선정한다.

5 냉·난방 설비의 설계 예

이 절에서는 모델 주호의 방 배치를 이용하여, 집합 주택에서의 부하 계산 방법, 기종의 선정 방법, 다다미방이나 양실에서의 설치 방법, 룸 에어컨의 형태 등, 선정 방법에 대해 구체적이고 실천적인 방법 및 순서를 설명한다.

설계 사례로서, 다음 네 가지 사례를 소개한다.

〔A〕일반적인 건축 구조, 주호 구성의 설계 예

　(A·1) 집합 주택에 채용되고 있는 많은 히트 펌프식 냉·난방 설비의 「싱글형 룸 에어컨과 멀티형 룸 에어컨 방식」 예

　(A·2) 난방 방식으로서 주목받고 있는 방사형 난방 설비의 「온수 바닥 난방과 룸 에어컨 방식」 예

〔B〕에너지 절감이나 건강 지향의 집합 주택으로서 채용되는 경향이 많은

고기밀·집합 주택의 설계 예
>　(B·1)「냉매 분기 다실형 룸 에어컨 방식」 예
>　(B·2)「덕트식 센트럴 방식」 예

[1] 모델 주호의 부하 계산

모델 주호의 계산 예로서, (1) 냉·난방시에 냉·난방 기기를 운전하는 가장 일반적인 사용 방법인 간헐 운전(방의 냉·난방을 하고 싶을 때만 운전하는)을 하는 설비(이하, 일반·집합 주택 설비라 한다)의 부하 계산과 (2) 고기밀·집합 주택에 설치한 24시간 연속 운전을 하는 설비(이하, 고기밀·집합 주택 설비라 한다)의 부하 계산의 두 가지 설비를 예로 든다.

두 설비 모두, 이 책의 모델 주호의 부하 계산에 있어서, 아래 조건을 기초로 계산한다.

표 6-3 각종 부하 계산의 비교

	집합 주택	단위 면적당 부하〔W/m²〕					
		간이 : 계산				상세 : 계산	상세 : 전산기 계산
		일본 공업 규격	공기 조화·위생공학회 규격				범용 소프트
		JIS C 9612	HASS 108&109	HASS 112		최대 부하 계산법	SMASH
냉방	중간층	145	145	104	62	—	165
	최상층	185	185	111	67	—	201
	층 구분 없음	—	—	—	—	162	—
	실내 조건	27℃	27℃	26℃	26℃	26~27℃	26℃
	실외 조건	33℃	33℃	—	—	—	—
난방	중간층	220	—	163	57	—	214
	최상층	250	—	169	59	—	275
	층 구분 없음	—	—	—	—	221	—
	실내 조건	20℃	—	20℃	20℃	20~22℃	20℃
	실외 조건	0℃	—	—	—	—	—
비고 (기타 조건)	기기	난방 : 히트 펌프	—	—	—	—	—
	방위	남향	남향	—	—	—	—
	방	양실	양실	—	—	—	거실·식당
	환기 횟수	1회/h	1회/h	0.5회/h	0.5회/h	—	—
	운전	간헐 운전	간헐 운전	간헐 운전	24시간 연속 운전	—	—
	지역	—	—	도쿄	도쿄	도쿄	도쿄
						(계산 예는 제4장을 참조)	(계산 예는 제4장을 참조)

〈조건〉

ⓐ 집합 주택의 중간층·중간 주호로 한다.

ⓑ 부하 계산으로서, 단위 면적당의 표준 부하를 기본으로 한다.

ⓒ 부하 계산 수법으로는 일반적으로 쓰이는 「JIS C 9612」 및 「HASS 112」의 계산값을 사용한다.

ⓓ 각 방의 면적은 벽심(중심선)간의 치수로부터 계산을 한다.

표 6-3은 제4장에서 설명한 각종 부하 계산법을 간단히 정리한 것이다.

각종 부하 계산법의 단위 면적당 부하는 표 6-3의 값이며, 사례에서는 냉·난방 기기를 선정할 때에 현재 시판되고 있는 룸 에어컨이나 팬 코일 유닛 등, 카탈로그에 기재되어 있는 기기의 적용 면적과 거의 일치하는 가장 일반적이고 간편한 공기 조화·위생공학회 규격 HASS 108을 기본으로 한 JIS C 9612의 간이 부하 계산값을 사용하기로 한다.

(a) 일반·집합 주택 설비의 부하 계산(간헐 운전의 냉·난방 설비)

모델 주호 각 실의 냉·난방 부하를 계산한다. 부하 계산에서 단위 면적당 냉·난방 표준 부하는 다음과 같이 한다.

난방 : 0.220kW/m^2 {189kcal/m^2·h}

냉방 : 0.145kW/m^2 {125kcal/m^2·h}

이 값을 사용하여 각 실의 냉·난방 부하를 계산하면 표 6-4와 같이 된다.

표 6-4 일반·집합 주택 설비의 냉·난방 부하

실 명	실면적(㎡)	냉방 부하(kW)	난방 부하(kW)
거실·식당	23.4	3.4	5.1
다다미방	11.9	1.7	2.6
양실(발코니쪽)	10.6	1.5	2.3
양실(통로쪽)	7.7	1.1	1.7
양실(높은 천장쪽)	10.5	1.5	2.3

(b) 고기밀·집합 주택 설비의 부하 계산

(24시간 운전의 냉·난방, 환기설비)

고기밀 주호이므로 냉·난방과 함께 24시간 연속하여 환기하는 것이 필요하다. 그러므로 항상 신선한 공기 및 쾌적한 온도를 유지하는 것을 특징으로 들수 있다. 24시간 냉·난방 및 환기에서의 부하 계산은 주호 전체를 24시간 연속 운전하는 것을 기본으로 하여 계산하기 때문에, 집합 주택에서 냉·난방의 단위 면적에 대한 부하 계산값은 아래의 값을 사용한다.

난방 : 0.15kW/m^2 {129kcal/m^2·h}

표 6-5 고기밀·집합 주택 설비의 냉·난방 부하

실 명	실면적[m²]	냉방 부하[kW]	난방 부하[kW]
거실·식당	23.4	2.3	3.5
다다미방	11.9	1.2	1.8
양실(발코니쪽)	10.6	1.1	1.6
양실(통로쪽)	7.7	0.8	1.2
양실(높은 천장쪽)	10.5	1.1	1.6

냉방 : 0.10kW/m^2 {86kcal/m²·h}

이 값을 사용하여 각실의 냉·난방 부하를 계산하면, 표 6-5와 같이 된다. 또한, 메이커의 실험에 의한 고기밀·고단열의 단독 주택인 경우, 단위 시간당의 냉방 부하로는 0.05kW/m^2{43kcal/m²·h}를 사용하였는데, 단열 구조, 기밀성 등의 차이 때문에 이 책에서는 고기밀·집합 주택으로서 표와 같은 값을 채용했다.

[2] 냉·난방 기기의 기종 선정

기종 선정에 대한 설명에 앞서, 가정에 송전되는 전기에 대하여 살펴 보면, 단상 100V 및 단상 200V의 교류 전원(3상 200V의 사용도 약간 있다)이며, 주파수는 50Hz와 60Hz가 있다. 기종 선정에 있어서 설치 장소의 주파수에 따라 기기의 냉·난방 능력값이 다르기 때문에 주의할 필요가 있다.

그러나, 인버터형 룸 에어컨 등의 냉·난방 기기는 주파수에 관계없이 동일한 냉·난방 능력을 발휘하기 때문에 이러한 염려는 없다.

네 번째 예(룸 에어컨 방식이나 덕트식 센트럴 방식 등)의 기종 선정은 현재 시판되고 있는 일반적인 기기를 대상으로 표 6-4 및 표 6-5에 계산하여 나타낸 냉·난방 부하를 기준으로 선정하였다.

난방에 대해서는 냉·난방 부하로부터 기종을 선정하면, 상기 난방 부하는 만족할 수 있는 능력이 된다.

(a) 룸 에어컨

냉·난방 부하 계산과 마찬가지로 일반·집합 주택의 경우와 고기밀·집합 주택의 경우에 대한 기종 선정을 한다.

(1) 일반·집합 주택 설비의 기종 선정
① 부하 계산으로부터 룸 에어컨의 정격 냉방 능력을 선정
계산한 냉·난방 부하에 의거, 각 회사의 카탈로그나 시방서로부터 룸 에어

표 6-6 일반·집합 주택 설비의 기종 선정

실　명	냉방 부하[kW]	선정 기종 냉방 능력[kW]
거실·식당	3.4	4.0
다다미방	1.7	2.2(또는 2.0)
양실(발코니쪽)	1.5	2.2(또는 1.6)
양실(통로쪽)	1.1	2.2(또는 1.6)
양실(높은 천장쪽)	1.5	2.2(또는 1.6)

컨의 기종을 선정하면 표 6-6과 같이 된다.

② 선정한 기종 능력에 의해 룸 에어컨의 형태를 선정

설치하는 방의 인테리어성이나 냉·난방 효과 등을 고려하여, 룸 에어컨의 형태(벽걸이형, 바닥 설치형, 천장 등에 은폐하는 빌트인형 등)를 선정한다.

③ 주호의 전원 용량으로부터 룸 에어컨의 전원 형식을 선정

주호의 브레이커 용량이나 사용상의 용이성을 고려하여, 단상 100V 또는 단상 200V 등의 전원을 결정한다.

④ 기종의 결정

냉·난방 능력과 형태 및 전원 형식으로부터, 룸 에어컨의 기종을 결정한다.

이상이 기종 선정의 순서인데, 표 6-6에서 선정한 기종의 냉방 능력이 계산된 냉방 부하보다 큰 이유는 JIS 규격으로 규정된 능력 랭크에 부응하여 각 메이커가 룸 에어컨을 제조·판매하기 때문이다. 또한, (　)의 선정 기종은 메이커 및 형태(벽걸이형 등)에 따라서는 판매되고 있지 않는 경우도 있다.

룸 에어컨의 형태(벽걸이형이나 빌트인형 등)나 싱글형 룸 에어컨, 멀티형 룸 에어컨의 방식 등에 대해서는 집합 주택을 건축할 시공주나 설계자가 건물의 골조 구조나 주호의 방 배치, 냉·난방 효과, 인테리어성 등을 고려하여 선정할 경우가 많다.

인버터형 룸 에어컨은 운전을 개시할 때, 압축기의 운전 주파수를 최대로 높여 고능력으로 운전하는 능력을 가지며, 방의 냉·난방 설정 온도에 빠르게 도달한다. 그리고 나서, 압축기의 운전 주파수를 내려 방의 부하나 설정 온도에 알맞은 냉·난방 능력으로 운전하기 때문에 설정 온도 도달 후, 소비 전력

표 6-7 고기밀·집합 주택 설비의 기종 선정

실　명	실면적[m²]	냉방 부하[kW]	선정 기종 냉방 능력[kW]
거실·식당	23.4	2.3	1.2×2 대(합)
다다미방	11.9	1.2	1.2(또는 2.2)
양실(발코니쪽)	10.6	1.1	1.2
양실(통로쪽)	7.7	0.8	1.2
양실(높은 천장쪽)	10.5	1.1	1.2

이 절감되는 메리트가 있다.

(2) 고기밀·집합 주택 설비의 기종 선정
① 부하 계산으로부터 룸 에어컨의 정격 냉방 능력을 선정

방의 면적으로부터 계산해 놓은 냉·난방 부하를 기초로, 룸 에어컨의 기종을 선정하면, 표 6-7과 같이 된다.
② 이후의 기종 선정 순서는 전술한 일반·집합 주택 설비의 경우와 같다. 냉매 분기 다실형 룸 에어컨 방식과 덕트식 센트럴 방식의 선정에 대해서는 다음 항의 〔3〕에서 선정 방법과 특징에 대해 설명한다.

(b) 온수식 바닥 난방
온수식 바닥 난방에 대해서는 이 장의 4절 〔2〕항에서 상세하게 설명했으므로, 여기에서는 기종 선정으로서 바닥 난방의 설계 순서에 대하여 설명하기로 한다.
① 바닥 난방을 부설하는 방의 난방 부하를 산출

이 책의 모델 주호에 있어서 거실·식당에 온수 바닥 난방을 부설할 경우를 예로 든다.
- 방 면적을 계산　　거실·식당 : 23.4m²
- 바닥 난방 부설률　집합 주택 : 60%
- 바닥면 30℃시의 단위 면적당 방열량 : 116W/m²{100kcal/h·m²}
  거실·식당의 방열량은
  23.4(방 면적)×0.6(부설률)×116(단위 면적 방열량)
  =1629W(방열량) {=1404kcal/h}
이 된다.
② 열원기의 선정

열원기의 선정은 방열량과 배관 손실, 바닥 밑의 손실을 미리 계산에 넣어 열원기를 선정한다. 배관의 열손실을 1m당 20W라고 하면 사례의 연장 약 7m로부터 배관 손실은 140W이며, 바닥 밑으로의 방열 손실은 약 900W로 된다. 필요한 난방 열량은 1629+140+900=2669W로 된다.

따라서, 이 경우의 열원기는 약 3000W 정도의 난방 능력인 것을 선정한다. 또한, 주방이나 욕조에 대한 급탕도 고려하고, 생활 패턴으로서의 동시 사용률도 가미하여, 열원기를 선정하는 것이 필요하다.

〔3〕 냉·난방 설비의 설치도
■ (A-1) 싱글형 룸 에어컨과 멀티형 룸 에어컨 방식(그림 6-15)

　이 사례는 냉·난방 설비로서 싱글형 룸 에어컨 및 멀티형 룸 에어컨의 설치
이다. 거실·식당을 중앙으로 좌측과 우측의 둘로 나누어 생각하여, 좌측 방은
4실 멀티형 룸 에어컨으로, 우측의 다다미방 및 천장이 높은 쪽의 양실(洋室)
은 각각 싱글형 룸 에어컨으로 한 경우인데, 이는 대부분의 집합 주택에 채용
되는 사례이기도 하다.
　거실·식당은 냉방 능력이 4kW인 천장 빌트인형 1대로 가능하지만, 세로로
긴 방이므로 냉·난방 온도 분포 향상을 도모할 목적으로, 이 사례의 설치 기

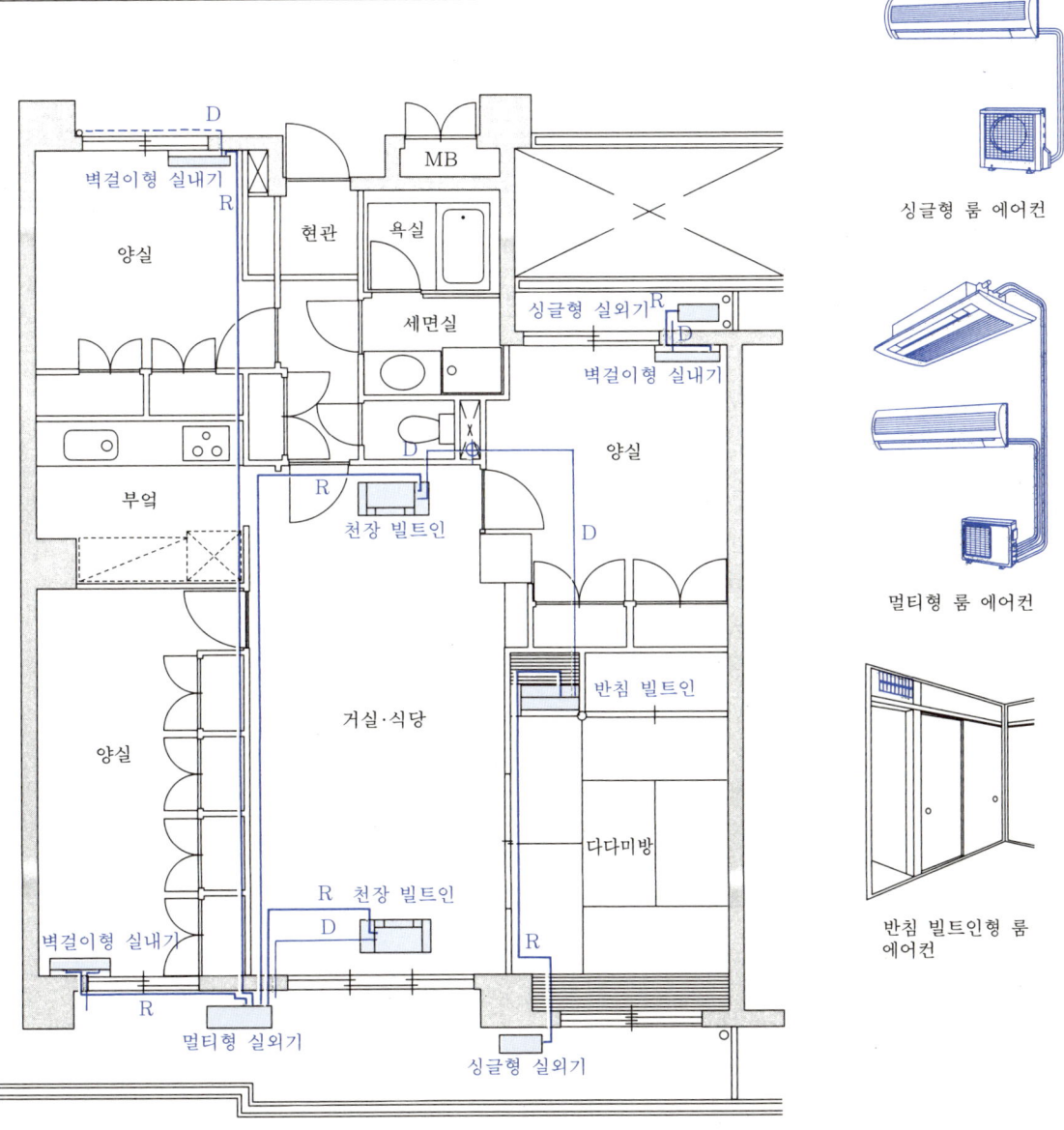

그림 6-15 싱글형 룸 에어컨과 멀티형 룸 에어컨 방식

좋은 냉방 능력 2.2kW의 천장 빌트인형 룸 에어컨을 2대 설치하기로 하였다. 이와 같은 거실·식당의 창 쪽 천장 빌트인형 룸 에어컨의 설치는 여름의 일사에 의한 난기(暖氣)나 겨울의 저온 외기에 의한 냉기를 막고(난방사·냉방사 등), 방의 냉·난방 효과를 올리는 작용을 한다. 거실 상부에 설치한 천장 빌트인형 룸 에어컨은 출입구 근처에 설치함으로써 사람의 출입에 의한 냉·난방 누설을 빠르게 해소하는 등의 효과가 있다.

좌측의 양실은 2.2kW의 벽걸이형 룸 에어컨으로, 똑같은 냉·난방 효과를 높일 목적으로 창가에 설치하고 있다. 또한, 방이 세로로 긴 경우의 룸 에어컨 설치는 온도 분포, 기류 분포(룸 에어컨으로부터의 냉·난방 분출 바람) 등의 효과를 높이기 위해서는 긴 쪽 방향으로 향하게 하여 설치하는 것이 바람직하였다.

아래에 제시한 (A-2), (B-1), (B-2)의 각 사례도 똑같은 설치에 대한 사례 방식이다.

거실, 식당의 천장 빌트인형 룸 에어컨 2대 및 양실 2실의 벽걸이형 2대를 1대의 실외기로써 냉·난방을 한다. 4실 멀티형 룸 에어컨으로 한 방식이며, 실외기는 발코니의 양쪽벽 부근에 설치하여, 싱글형 룸 에어컨의 실외기 4대의 설치보다 실외기의 대수를 줄이고, 발코니 유효 활용이나 실외기의 유지 관리, 점검 등을 용이하게 하였다.

우측의 다다미방은 객실의 상좌(도꼬노마) 상부의 반침 빌트인형 룸 에어컨 2.8kW로 하고, 양실은 2.2kW의 벽걸이형 룸 에어컨으로 하였다.

멀티형 룸 에어컨으로는 2실용에서 7실용까지 여러 가지가 있으며, 집합 주택의 방 배치나 발코니의 위치(장소), 크기 등으로부터 선정하면 된다.

룸 에어컨의 냉방시에 실내기로부터 제습(除濕)되는 드레인 수(제습수) 처리에 대해서 설명한다. 방 중앙부의 천장 빌트인형 룸 에어컨 및 반침 빌트인형 룸 에어컨의 드레인 수는 주호 중앙부의 파이프 샤프트에 설치되어 있는 배수 종관(縱管)에 접속하여 드레인 수를 배수 처리한다. 발코니 쪽의 벽걸이, 천장 빌트인형 룸 에어컨의 2대 및 높은 천장 쪽의 벽걸이형 룸 에어컨의 드레인 수는 발코니로 직접 배수하고, 좌측 공용 통로 쪽의 양실용 벽걸이형 룸 에어컨의 드레인 수는, 배수 종관에 접속하여 처리하는 방법이 집합 주택으로 일반적이다.

또한, 실외기의 설치에 대해서는 각 메이커의 실외기 설치 치수를 참조하고, 냉·난방 능력이 충분히 발휘될 수 있어야 하므로 주의가 필요하다. 실외기는 뒤쪽에서 외기를 흡입하고, 앞쪽으로 분출하는 구조가 일반적이며, 뒤쪽의 외기 흡입 치수(약 50~100mm 등)나, 팬 쪽의 분출 치수(약 200~1000mm 등)에 대한 주의가 중요하다. 사례 도면에서 D는 드레인 파이프를   나타낸다.

■ (A-2) 온수식 바닥 난방과 룸 에어컨 방식(그림 6-16)

난방에 관해서는 히트 펌프식 룸 에어컨이나 FF식 난방기 등의 온풍 난방 방식 및 전기 히터, 석유 스토브, 각로(脚爐) 등의 방사난로 등 각종 방식이 있다.

바닥 난방시에도 바닥면의 플로어링 바닥 재료의 내부에 전기 히터나 온수

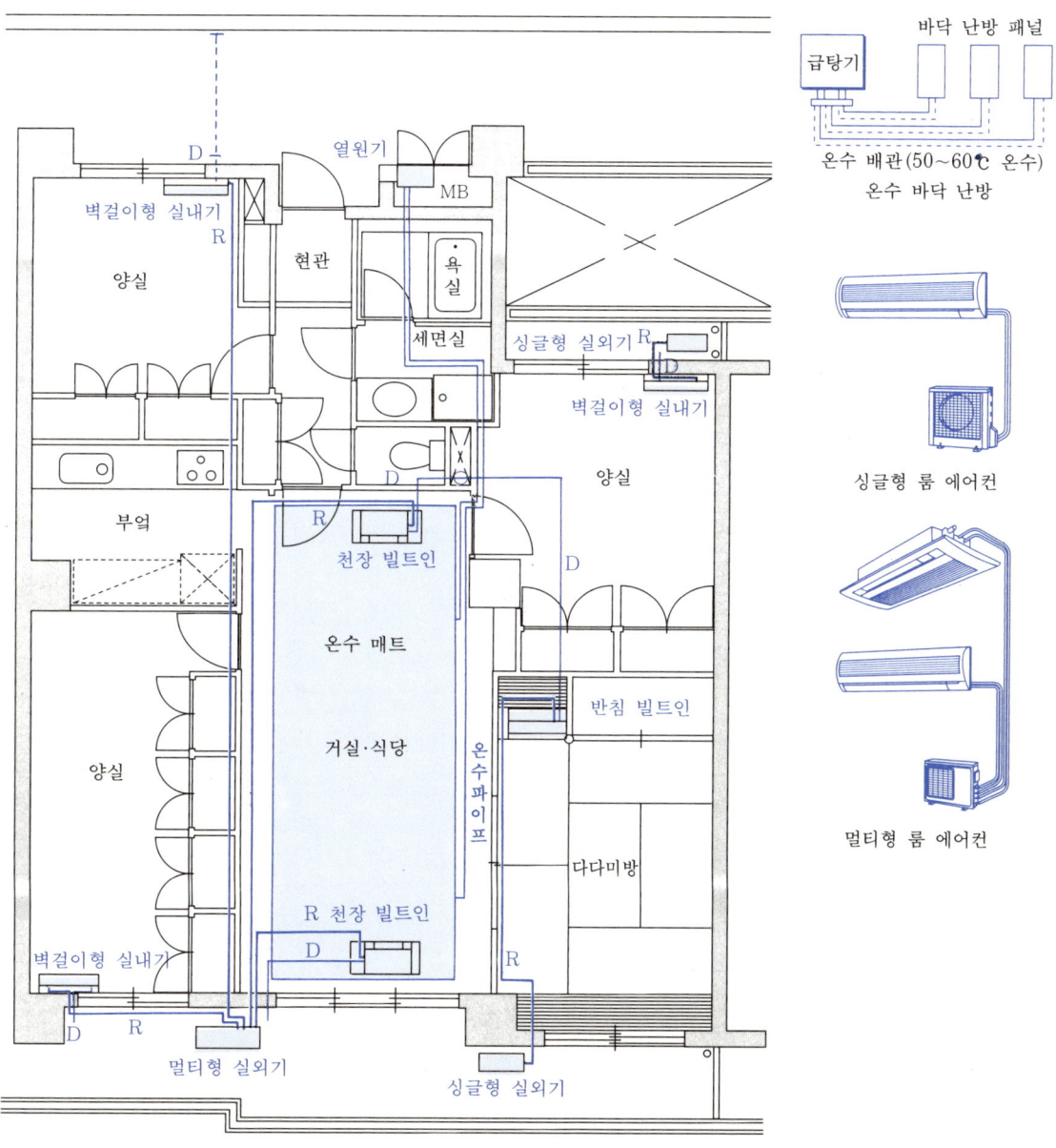

그림 6-16 온수식 바닥 난방과 룸 에어컨 방식

파이프, 냉매관(히트 펌프 이용의)을 내장한 것 등의 바닥 재료에 의한 방사 난방 방식이나, 구체(軀體)의 콘크리트 내에 직접 전기 히터나 온수 파이프 등을 부설한 방사 난방 방식 등이 있다.

이 책에서는 바닥을 구성하는 밑바탕이 합판인 재료 위에 온수용 파이프를 내장한 온수 매트를 부설하고, 그 위에 플로어링 등의 바닥 마감재를 시공한 바닥면으로부터의 방사열을 이용한 바닥 난방을 소개한다.

온수식 바닥 난방과 룸 에어컨의 조합에 의한 난방 방식에 대하여 설명한다.

이 사례는 (A-1) 사례의 싱글형 룸 에어컨과 멀티형 룸 에어컨 그리고 거실·식당의 난방에 방사열 난방인 온수식 바닥 난방을 부가한 시스템이다.

거실·식당, 양실, 다다미방 등의 냉·난방 설비로서의 룸 에어컨의 설치에 관해서는 앞의 예와 동일하기 때문에 설명은 생략한다. 또한, 온수식 바닥 난방의 상세한 내용에 대해서는 6-4절을 참고하기 바란다.

온수식 바닥 난방에서의 열원기는 가스를 열원기로 한 가스 급탕기가 일반적이며, 모델 주호의 현관 옆인 미터 박스 내에 설치되어 있다.

가스 급탕기로부터 가교 폴리에틸렌 파이프를 거실·식당의 온수 매트에 접속하여, 약 50~60℃의 온수 매트로 순환시킨다.

바닥 난방은 바닥면의 표면 온도를 약 30℃로 따뜻하게 하여 바닥면으로부터 방사열에 의해 난방을 하는 시스템이며, 기류가 없는 자연적인 바닥 면으로부터의 방사열 난방이기 때문에, 유아나 고령자 등의 체감 온도에 알맞은 난방 방식이다.

바닥 난방에서는 부설량으로부터의 바닥 난방의 난방 능력을 계산하기는 어렵고, 일반적인 바닥 난방용 온수 매트의 부설률은, 방의 바닥 면적으로부터 계산하며, 집합 주택 부설률의 기준은 바닥 면적의 60%이다.

바닥 난방은 온수 파이프, 바닥 마감재와 각각의 구성재에 열이 축열, 전도되고, 서서히 바닥면으로부터 방사열을 방사하는 난방 방식이므로, 운전 시작 시점으로부터의 난방감은 얻기 어렵기 때문에, 룸 에어컨의 온풍 난방 방식을 병용하는 것이 일반적인 난방 방식이다.

구체 콘크리트와의 사이에 단열재 등을 부설하지 않으면, 열이 확산되어 버리는 등의 문제가 발생할 수 있으므로 설계상 주의가 요구된다.

■ (B-1) 냉매 분기 다실형 룸 에어컨 방식(그림 6-17)

냉·난방 다실형 룸 에어컨 방식의 설계 사례에 대하여 설명한다. 이 냉·난방 방식은 계획 환기와 24시간 전실 냉·난방을 하는 시스템의 예이다.

집합 주택은 고기밀의 건축 구조로 되어 있어 주호 내에 온도차를 만들지 않는 전관 공기 조화 방식이며, 현재의 사회적 추세인, 건강 지향·쾌적 지향·

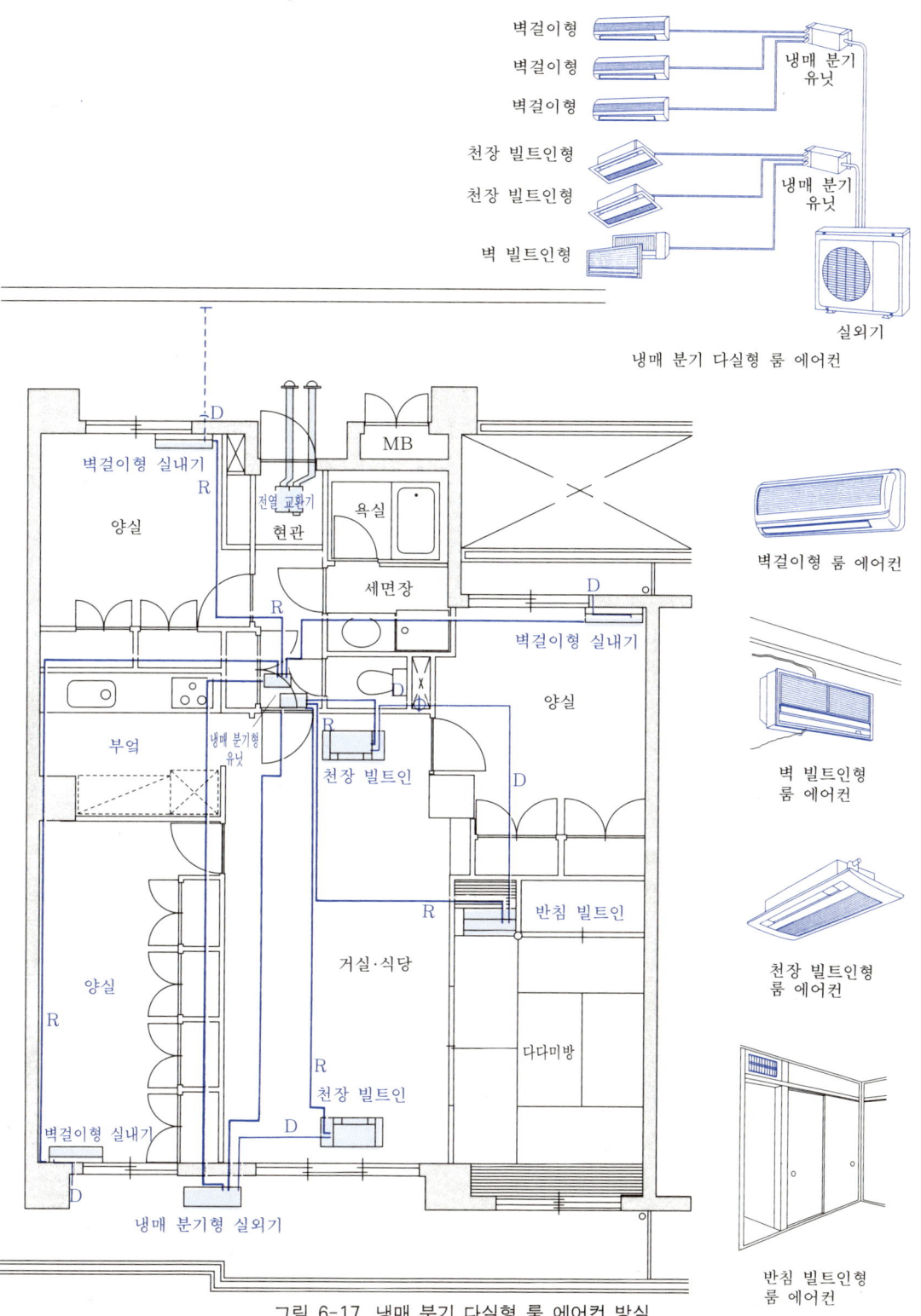

벽걸이형
벽걸이형
벽걸이형
냉매 분기 유닛
천장 빌트인형
천장 빌트인형
벽 빌트인형
냉매 분기 유닛
실외기

냉매 분기 다실형 룸 에어컨

벽걸이형 실내기
양실
D
R
전열 교환기
현관
욕실
MB
세면장
벽걸이형 실내기
D
양실
부엌
냉매 분기형 유닛
R
천장 빌트인
D
R
반침 빌트인
양실
R
거실·식당
다다미방
벽걸이형 실내기
R
천장 빌트인
D
R
D
냉매 분기형 실외기

벽걸이형 룸 에어컨

벽 빌트인형 룸 에어컨

천장 빌트인형 룸 에어컨

반침 빌트인형 룸 에어컨

그림 6-17 냉매 분기 다실형 룸 에어컨 방식

에너지 절감 지향의 냉·난방 방식이라 할 수 있다.

　(A-1), (A-2)의 사례는 현재, 냉·난방 기기를 제조·판매하고 있는 기기의 거의가 채용하고 있는 일반적인 부하 계산이며, 기종 선정 방법(운전·정지를 반복 간헐 운전에서의 부하 계산이나 사용 사정의 사례)인데, 24시간 냉난방·환기의 경우는 달라진다.

　고기밀·집합 주택에 있어서, 24시간 냉·난방 환기의 냉·난방 부하 계산과 기종 선정 방법은, 5절 〔1〕 (b)의 면적당 부하 계산값을 사용하여, 모델 주호의 난방 부하는 표 6-5로 된다. 기종 선정에 대해서는, 5절 〔2〕 (a) (2)의 표 6-7로 된다.

　이 계산값은 다음에 소개하는 (B-2) 사례인 덕트식 센트럴 방식과도 동일하다.

　기기 설치의 검토 사항에 대해서는 (A-1)사례와 같은 이유에서, 동일한 위치의 설치로 했다. 각 기기의 형태(벽걸이형 등)도 마찬가지이다.

　냉매 분기 다실형 룸 에어컨 방식은 발코니에 설치한 1대의 실외기로부터, 냉매 배관의 주관(主管) 2세트(냉매 배관은 액측·가스측의 2개가 1세트로 된다)를 외벽에 설치된 냉매관 관통구멍 가까이 실내측에 둘러서, 주호 내의 복도 천장에 설치된 냉매 분기 유닛에 접속되며, 냉매 분기 유닛으로부터 각 실에 설치된 냉·난방 기기의 실내기에 각각 냉매 배관으로써 접속되어 있다. 따라서, 전례의 일반 4실 멀티형 실외기에서는 외벽 관통구멍이 4개 있었지만, 본 방식에서는 2개소(관통 구멍 지름을 크게 하면 1개소도 가능함)로 된다.

　또한, 냉매 분기 다실형 룸 에어컨 방식은 주호 안을 거의 균일한 온도로 유지할 수 있는 공기 조화 방식인 동시에, 각 실의 재실자 연령이나 기호에 따라 각각의 냉·난방 설치 온도로 설정할 수 있는 개별 제어가 가능한 것이 특징이다.

　환기에 있어 주방에서는 요리할 때 가스 등의 배기, 욕실, 세면실에 대해서는 입욕시의 습기(수증기) 대책, 화장실에 대해서는 악취 등의 해소에 각각 전용의 환기 팬과 배기 덕트를 설치할 필요가 있다.

　이 시스템은 거실 공간의 쾌적성(신선한 공기의 도입 등)을 목표로 하고, 전열 교환기를 현관 천장에 은폐 설치하며, 외기로부터 도입된 신선한 공기는 실내기로 흡입되어, 냉·난방 바람과 함께 신선한 공기를 각 실에 보내는 구성으로 되어 있다.

■ (B-2) 덕트식 센트럴 방식(그림 6-18)

　덕트식 센트럴 방식의 사례에 대해서 설명한다. 이 방식의 냉·난방 부하 계산 방식에 대해서는 전례와 같은 방식으로 생각한다.

　24시간 냉·난방·환기 운전을 목적으로 하고, 실내의 공기 환경을 24시간

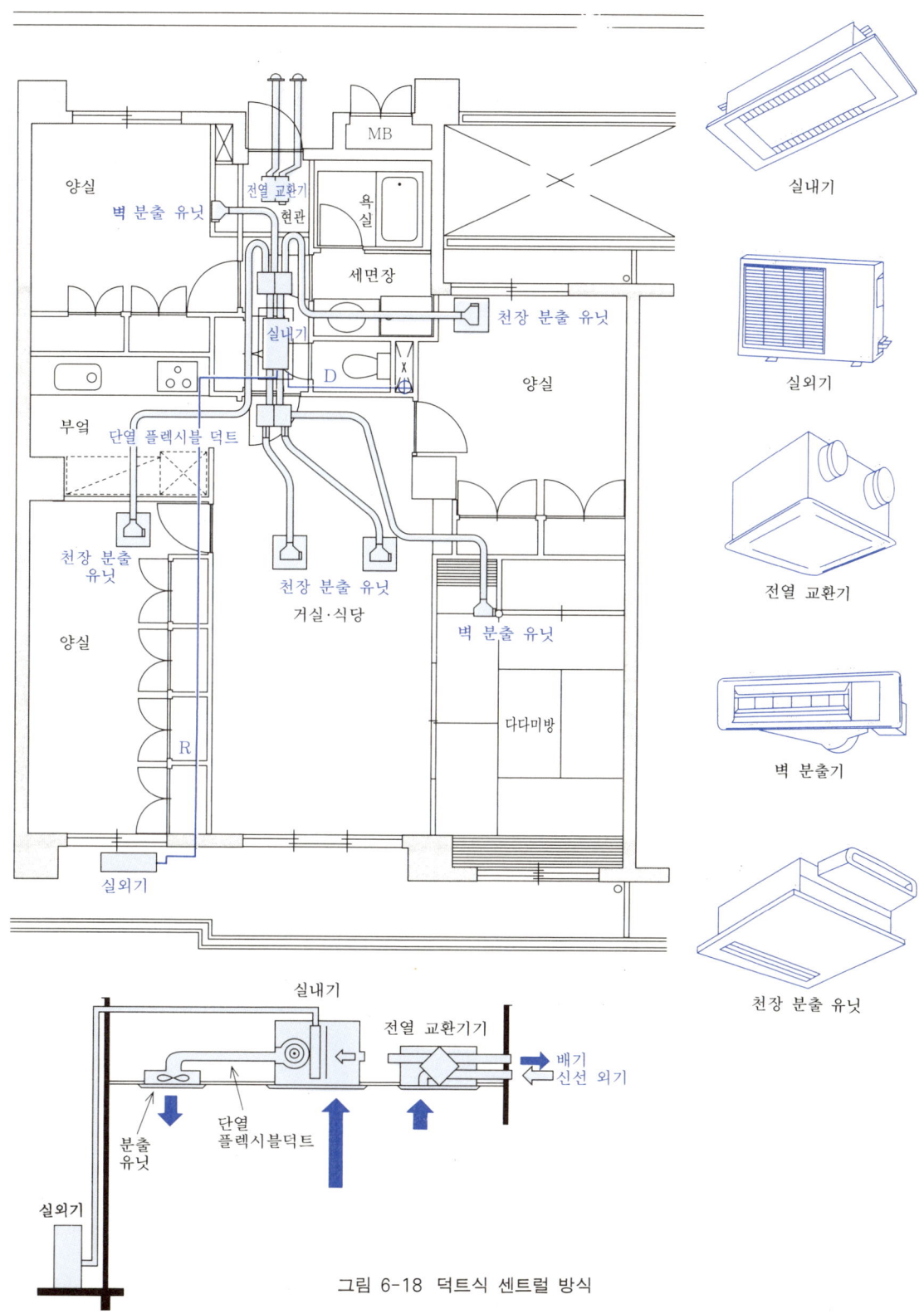

그림 6-18 덕트식 센트럴 방식

자동적으로 컨트롤하여, 신선한 외기 도입과 실내의 불결한 공기의 교체시에 전열 교환기를 거치도록 함으로써, 쾌적한 온도와 습도를 유지하고 냉·난방의 에너지를 밖으로 버리지 않는 에너지 절감 방식이며, 건강을 지키며 쾌적성을 추구하는 방식이다.

환기 전반 및 전열 교환기 등의 상세한 것에 대해서는, 공기 조화·위생공학 회편의 「(換氣設備機器の設計)」 등을 참고하기 바란다.

제7장

시공과 유지 관리

1 시공관리

냉·난방 설비의 시공에 대해서는 제품의 기능을 100% 발휘시키기 위해서
제품에 부속되어 있는 「공사·설치 설명서」를 충분히 이해할 필요가 있다.

특히, 「PL법」의 시공에 의해 지금보다는 더욱 공사 관리면에서 품질 관리
가 중요시되고, 만일 부적합한 상태가 발생할 경우, 기재 사항과의 차이점이
있으면 책임 추궁은 피할 수 없게 된다.

또한, 제품의 「취급 설명서」에 대해서도, 일상의 이용 방법을 주거자(이용
자)에게 설명할 필요가 있으며, 설계·시공자 역시, 기기의 성능에 관련된 사
항을 숙지하기 위해서 충분히 이해할 필요가 있다.

[1] 공통 사항

(a) 관련 법규

집합 주택에서는, 일본의 건축기준법·소방법에 따른 「방화 구획 및 연소(延
燒)의 우려가 있는 부분」에서의, 냉매 배관·온수 배관·제어선의 **그림 7-1**과
같은 관통부 처리가 포인트가 되며, 일본건축센터 또는 소방안전센터가 평정
(評定)한 공법 등을 채용하고, 화재시의 연소 예방을 확실하게 실시해야 한
다.

또한, 냉·난방 기기의 실외기 설치에 대해서는 발코니에서의 피난 경로를
확보함과(소방법에 의거 600mm 이상) 동시에, 피난 해치·칸막이 판 등 피
난 시설의 장해가 되지 않는 위치로 한다. 또한, **그림 7-2**와 같이 전락 방지

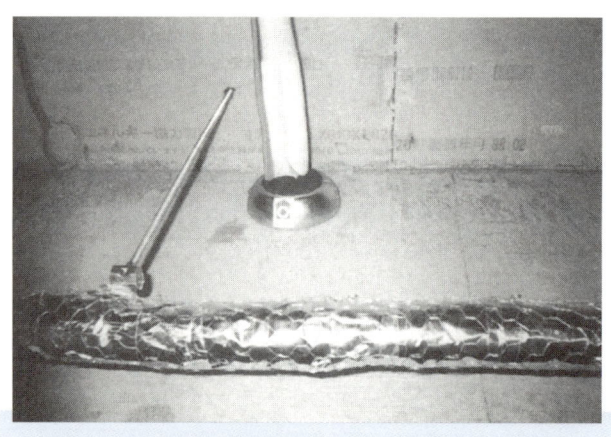

그림 7-1 구획 관통 상세도

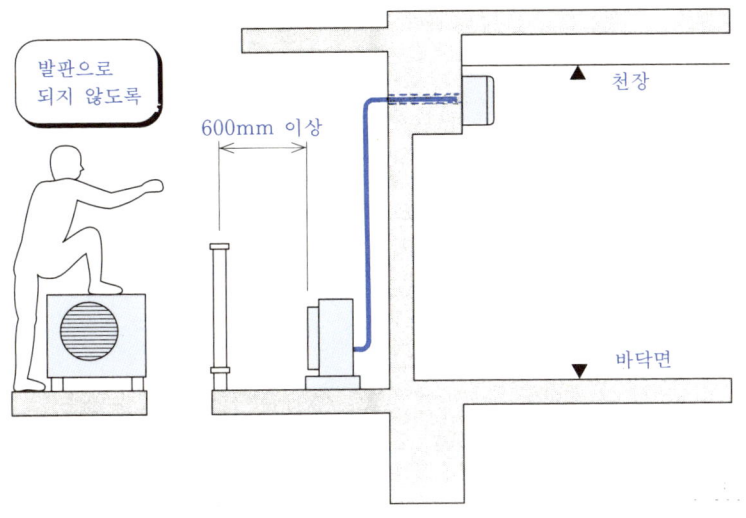

발판으로
되지 않도록

600mm 이상

천장

바닥면

그림 7-2　실내기에서의 발판

상의 「발판」이 되지 않도록 안전성을 고려할 필요가 있다.

특히, 천장 면에서 매달기 철물로 고정할 경우, 건축기준법에 규정된 내진 (耐震) 설계에 의해 설치 강도를 확보하는 동시에, 유지 관리를 고려해 놓은 것으로 한다.

집합 주택에서는 건축기준법·소방법 등의 관련 법규와 함께, 안전성 면에 충분히 고려할 필요가 있다.

(b) 건물과의 조화

냉·난방 기기와 건축·디자인·색채 등과의 조화는 집합 주택에서의 중요한 과제로 된다. 특히, 외부에 노출되는 냉매·드레인 배관에 대해서는 깔끔하게 보이기 위한 배관 루트를 설정하고, 배관 커버 등의 미적인 외관에도 고려해

> **내진 설계**
>
> 1982년 일본의 건축 기준법 시행령의 개정에 따라, 건축 설비 관련의 내진(耐震) 규정이 제정되었다. 이들의 새 규정 실시에 있어서 강구해야 할 내진 조치의 내용을 설계·시공 지침으로서 정리하였다.

그림 7-3　배관 커버의 설치 예

설치 공사 안전상의 주의

반드시 지키십시오.

- 설치하기 전에, 이 「안전상의 주의」를 잘 읽고, 설치하십시오.
- 여기에 제시한 주의 사항은 모두 안전에 관한 중요한 내용을 기재하였으므로 반드시 지키십시오. 표시와 의미는 다음과 같이 되어 있습니다.
- ■ 표시 내용을 무시하고 잘못 설치하였을 때 발생하는 위해나 손해의 정도를 다음의 표시로 구분하고, 설명하였습니다.

⚠ 경고	이 표시의 난은 「사망 또는 중상 등을 입을 가능성이 상정된다」는 내용입니다.
⚠ 주의	이 표시의 난은 「상해를 입을 가능성 또는 물적 손해만이 발생하는 가능성이 상정된다」는 내용입니다.

■ 지켜야 할 내용의 종류를 다음의 그림 표시로 구분하여 설명하였습니다.

🚫	이 그림 표시는 해서는 안 되는 「금지」 내용입니다.
❗⏚	이와 같은 그림 표시는 반드시 실행해야 할 「강제」 내용입니다.

- 설치 공사 완료 후, 시험 운전을 하여 이상이 없는 것을 확인함과 동시에 취급 설명서에 따라 고객에게 사용 방법, 손질 방법을 설명하여 주십시오. 이 설치 공사 설명서는 취급 설명서와 함께 고객이 보관하도록 의뢰하여 주십시오.
- 에어컨의 설치 공사 전기 설비에 관한 기술 기준 및 내선 규정에 따라 해주십시오.

⚠ 경고

(1) 설치는 구입한 판매점 또는 전문 업자에게 의뢰하여 주십시오. 고객 자신이 설치 공사를 하여 불비한 점이 있으면, 물이 새거나 감전, 화재의 원인이 됩니다.	❗
(2) 설치 공사는 이 설치 공사 설명서에 따라 확실하게 하여 주십시오. 설치에 불비한 점이 있으면 물의 누설이나 감전, 화재의 원인이 됩니다.	❗
(3) 설치 공사 부품은 반드시 부속 부품 및 지정의 부품을 사용하십시오. 지정 부품을 사용하지 않으면 유닛 낙하, 물의 누설, 화재, 감전의 원인이 됩니다.	❗
(4) 작업 중에 냉매 가스가 누설되었을 경우에는 환기를 하십시오. 냉매 가스가 화기에 접촉하게 되면 독가스가 발생하는 원인이 됩니다.	❗
(5) 설치는 중량에 충분히 견딜 수 있는 장소에 확실하게 하십시오. 강도 부족이나 고정이 불완전한 경우는, 유닛의 낙하에 의해 부상의 원인이 됩니다.	❗
(6) 전기 공사는, 「전기설비에 관한 기술기준」, 「내선규정」 및 설치 공사 설명서에 따라 시공하고, 반드시 전용 회로를 사용하십시오. 전기회로 용량 부족이나 시공에 불비한 점이 있으면 화재의 원인이 됩니다.	❗
(7) 내외 접속 전선은 소정의 케이블을 사용하여 확실하게 접속하고, 단자 접속부에 케이블의 외력이 전달되지 않도록 확고하게 고정하십시오. 접속이나 고정이 불완전할 경우에는 단자 접속부의 발열, 화재의 원인이 됩니다.	❗
(8) 내외 접속 전선은, 전장 커버가 떠오르지 않도록 정형(整形)하고, 전장 커버를 확고하게 고정하십시오. 전장 커버의 고정이 불완전할 경우에는 단자 접속부의 발열, 화재나 감전의 원인이 됩니다.	❗
(9) 배관 접속의 경우, 냉매 사이클(배관)내에 지정 냉매(R22) 이외의 공기 등을 혼입시키지 않도록 하십시오. 공기 등이 혼입되면, 능력 저하의 원인이 되거나 냉동 사이클 내가 이상하게 고압으로 되어 파열, 부상의 원인이 됩니다.	🚫
(10) 설치 공사의 완료 후, 냉매 가스가 누설되지 않는 지를 확인하십시오. 냉매 가스가 실내에 새어, 팬 히터, 스토브, 전열기 등의 화기에 접촉되면 유독 가스가 발생하는 원인이 됩니다.	❗
(11) 전원 코드는 파손하거나 가공하지 마십시오. 감전, 화재의 원인이 됩니다.	🚫
(12) 전원 코드는 도중에서 접속하거나 연장 코드, 다른 전기 기구와의 문어발식 배선을 하지 않도록 하십시오. 감전, 화재의 원인이 됩니다.	🚫

⚠ 주의

(1) 어스 공사를 하십시오. 어스선은 가스관, 수도관, 피뢰침, 전화의 어스선에 접속하지 않도록 하십시오. 어스선이 불완전할 경우는 감전의 원인이 되는 수가 있습니다.	⏚
(2) 누전 차단기의 설치가 필요합니다. 누전 차단기가 설치되어 있지 않으면 감전의 원인이 되는 수가 있습니다.	❗
(3) 가연성 가스의 누설 염려가 있는 장소에는 설치하지 않도록 하십시오. 만약 가스가 누설하여 유닛의 주의에 쌓이면, 발화의 원인이 되는 수가 있습니다.	🚫
(4) 드레인 공사는, 설치 공사 설명서에 따라 확실하게 배수되도록 배관하십시오. 불확실한 경우는 옥내에 침수하여 가재 등을 적시는 원인이 되는 수가 있습니다.	❗

야 한다(그림 7-3).

또한, 냉·난방 기기의 실외기 설치에 대해서도 발코니 등의 이용 편리성 등과 함께 실내에서의 미관을 고려하는 것 역시 중요하다. 특히, 천장 면으로부터 달아매는 철물로써 고정할 경우는 외부로부터의 미관에도 신경쓸 필요가 있다.

표 7-2 내선 공사 플로 차트

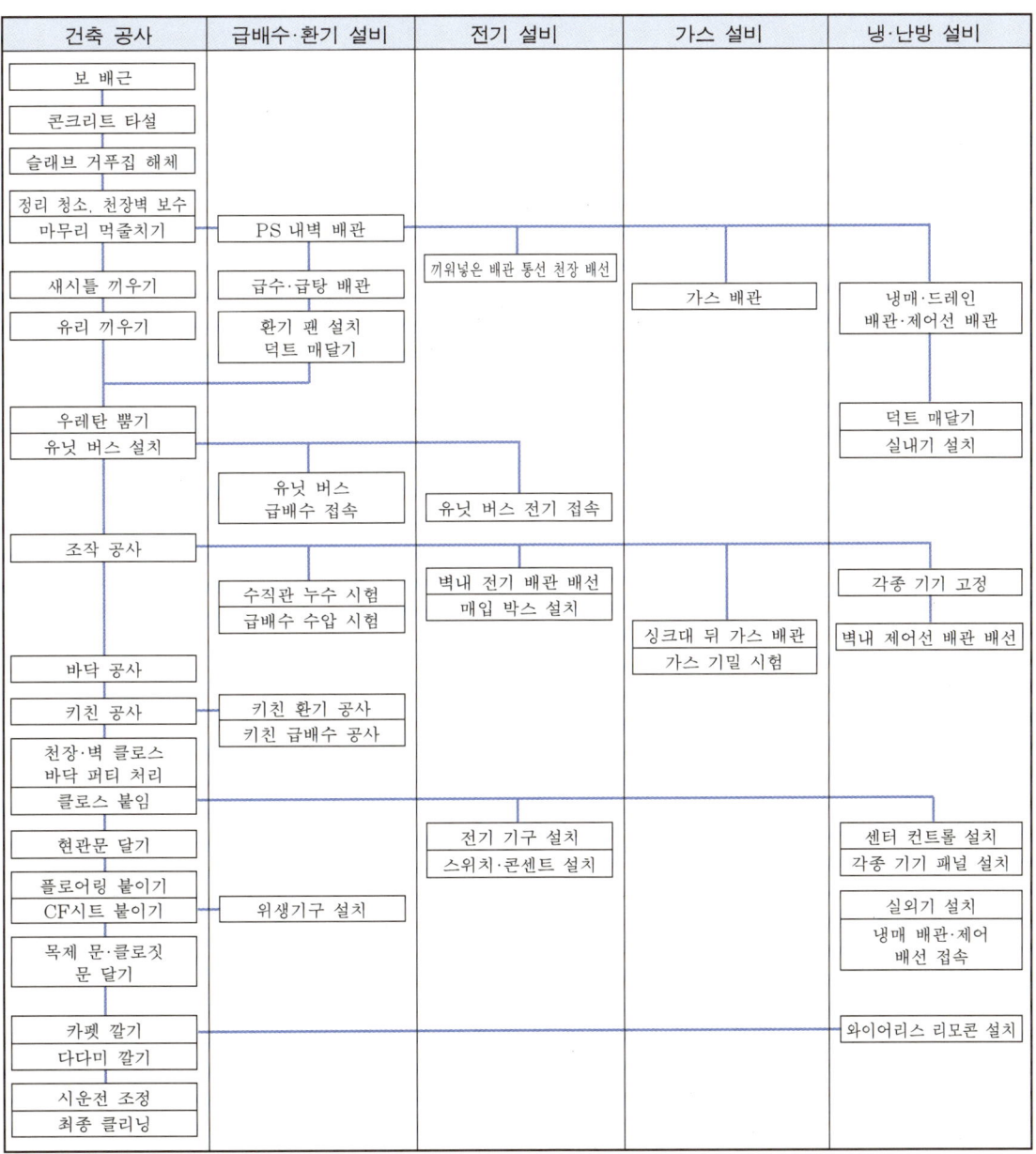

건축 공사	급배수·환기 설비	전기 설비	가스 설비	냉·난방 설비
보 배근				
콘크리트 타설				
슬래브 거푸집 해체				
정리 청소, 천장벽 보수 마무리 먹줄치기	PS 내벽 배관	끼워넣은 배관 통선 천장 배선	가스 배관	냉매·드레인 배관·제어선 배관
새시틀 끼우기	급수·급탕 배관			
유리 끼우기	환기 팬 설치 덕트 매달기			
우레탄 뿜기 유닛 버스 설치				덕트 매달기 실내기 설치
	유닛 버스 급배수 접속	유닛 버스 전기 접속		
조작 공사				각종 기기 고정
	수직관 누수 시험 급배수 수압 시험	벽내 전기 배관 배선 매입 박스 설치	싱크대 뒤 가스 배관 가스 기밀 시험	벽내 제어선 배관 배선
바닥 공사				
키친 공사	키친 환기 공사 키친 급배수 공사			
천장·벽 클로스 바닥 퍼티 처리 클로스 붙임				
현관문 달기		전기 기구 설치 스위치·콘센트 설치		센터 컨트롤 설치 각종 기기 패널 설치
플로어링 붙이기 CF시트 붙이기	위생기구 설치			실외기 설치 냉매 배관·제어 배선 접속
목제 문·클로짓 문 달기				
카펫 깔기 다다미 깔기				와이어리스 리모콘 설치
시운전 조정 최종 클리닝				

건축도·난방 설비도 등의 설계 도서의 확인과 더불어, 현장 시공 감리자와의 협의를 실시하여, 「건축과의 조화」에 충분히 주의할 필요가 있다.

(c) 배관 재료 등의 사양 확인

기기의 기능을 100% 발휘시키기 위해서는 냉매·온수 배관의 재질·크기 및 제어선 등은, 기기의 지정 재료로 사용해야 한다. 특히, 냉매 배관의 크기가 틀리면 규정의 냉·난방 능력을 발휘하지 못하거나, 냉동 사이클 내에 이상 고압으로 파손의 원인으로 된다. 또한, 배선류에 대해서도 화재의 원인이 된다.

설계 도서와 함께 기기 메이커의 지정 재료를 확인할 필요가 있다. 히트 펌프식 룸 에어컨 방식의 설치 설명서 예를 표 7-1에 나타낸다.

[2] 공사 공정 관리

일반적인 벽걸이형의 룸 에어컨이라면, 집합 주택의 내장 공사(제작·마무리 공사) 완료 후에 기기를 설치하므로, 다른 공사와의 쟁탈전이 일어나지는 않지만, 온수 난방 방식이나 천장 카세트형 등의 하우징형 룸 에어컨에 대해서는 내장 공사의 시공 전이나 시공시 마감 공사 후에 각종 공사가 발생한다.

표 7-2는 일반적인 「내장 공사」의 플로 차트이며, 천장 카세트형 룸 에어컨의 설치를 표로 편성해 보면, 내장 공사 전에 냉매·드레인 배관이나 기기의 가설치를 하고, 내장 공사시에 기기 고정·제어 배선이 되도록 하며, 마감 공사 후에 패널·컨트롤 등의 고정을 한다.

공사 공정에 대해서는 내장의 각 공사와 쟁탈전이 있기 때문에, 현장 시공 감리자와 협의하여, 안전하면서도 원활한 진척을 도모해야 한다.

2 시공상 주의 사항

냉·난방 기기의 설치, 배관·덕트 공사에서 시공상 주의할 점은 기능·성능·안전성에 관한 사항이고, 상세한 것에 대해서는 메이커의 설명서 등의 확인이 필요하며, 충분히 논의를 해야 한다.

[1] 히트 펌프식 룸 에어컨

(a) 실외기

(1) 실외기의 기능·능력을 100% 확보하기 위해서는 그림 7-4와 같이, 벽 등의 장해물로부터 거리를 두고, 통풍이 좋은 곳에 설치할 필요가 있

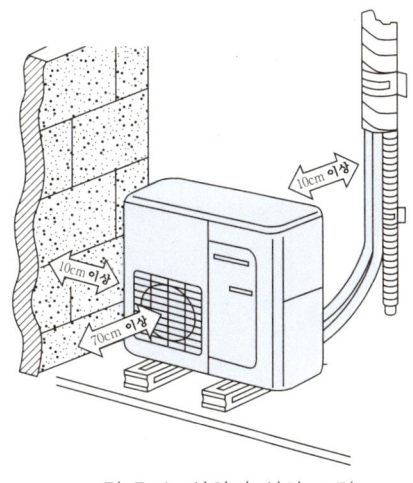

그림 7-4 실외기 설치 조건

다. 또한, 천장에 매달 경우도 상부의 메인티넌스 등을 위해 80mm 이
상의 거리를 확보해야 한다. 기기의 설치에 필요한 치수(거리)에 대해서
는, 각종 메이커에 따라 다르기 때문에, 「설치 설명서」에서 다시 확인할
필요가 있다.

(2) 실외기에서 직사 일광·비·상시 강풍이 닿는 장소는 가급적 피하는 것이
    좋으나, 그렇지 못할 경우에는 **그림 7-5**와 같이, 전용 부재의 「차양
    ·비 가리개」 등에 의한 예방 조치가 필요하다.

(3) 실외기를 수평으로 설치하지 않으면 압축기 내부의 냉동기 기름이 불
    필요한 부분에 흘러 고장의 원인이 된다.

(4) 실외기의 진동이 증대하면 냉매 배관의 접속부에 균열이 발생하여 가
    스 누설의 원인이 됨과 동시에 소음의 원인도 된다. 진동이 증대하지
    않도록 강도가 충분한 장소에 설치하고, 방진 매트 등으로 방진 조치를

그림 7-5 차양·비 가리개의 설치 방법

한다.

(5) 지진시의 전도 방지 처리를 한다. 특히, 위아래로 2대 설치할 경우, 와이어 등으로 고정시켜 진동 방지를 할 필요가 있다.

(6) 실외기는 겨울에 제상(除霜) 운전으로 드레인 수(水)가 발생하므로 원활하게 흐르도록 배수 처리를 실시해야 한다. 또한, 적설지역에서는 적설에 의한 실외기의 흡기·배기에 장해가 되지 않도록 높은 설치대 (적설 라인 보다 500mm 이상의 높이)를 설치할 필요가 있다.

(b) 실내기

각종 실내기의 일반적인 설치법은 다음과 같다.

(1) 설치시, 기기 중량에 견디고 진동이 발생하지 않는 강도의 장소를 선정한다.

(2) 냉풍·온풍이 방 전체에 골고루 미치는 장소이며, 분출구, 흡입구 부근에 장해물이 없는 장소로 한다. 또한, 필터의 메인티넌스를 확실하게 할 수 있는 장소이어야 하며, 자동 화재 경보 설비의 감지기가 설치되는 경우, 1500mm 이상의 거리를 확보한다.

(3) 텔레비전이나 스테레오 등은 고주파 기기, 무선 기기 등에 영향을 받게 되면 영상의 흐트러짐이나 잡음이 들리는 등의 문제가 발생하므로, 이러한 기기들로부터 1m 이상 떨어진 위치에 설치가 요구된다.

(4) 실내의 온도 상황을 감지하는 센서가 오동작하기 때문에 일사가 직접 닿지 않는 장소로 한다.

① 벽걸이형 실내기

■ **목조 또는 강제(鋼製) 바탕의 경우**   바탕은 일반적으로 300~450 mm 정도의 간격으로 단단한 테가 있다. 바탕의 위치를 확인하고, 설치판을 고정 나사로 테에 고정한다.

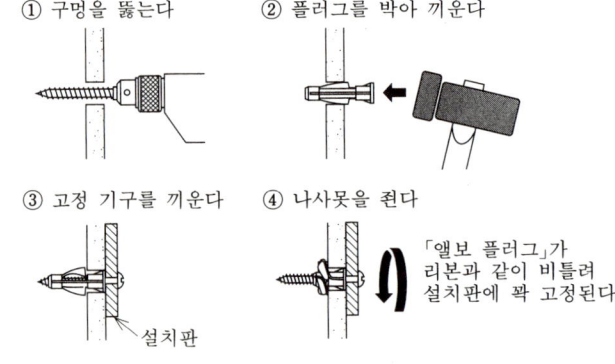

① 구멍을 뚫는다   ② 플러그를 박아 끼운다

③ 고정 기구를 끼운다   ④ 나사못을 죈다

설치판

「앨보 플러그」가 리본과 같이 비틀려 설치판에 꽉 고정된다

그림 7-6 석고 보드에서의 설치 방법

① 구멍을 뚫는다
② 플러그를 끼워 넣고
구멍 안에 고정한다

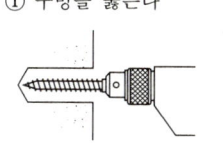
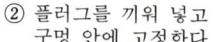
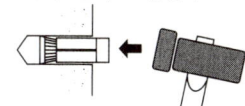

③ 설치판을 끼우고, 볼트를
죄면 너트의 접착제가
벗어지고 외통이 고정된다

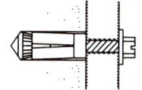

그림 7-7　앵커 볼트에 의한 설치 방법

① 구멍을 뚫는다　② PY 플러그를 박아 끼운다

③ 여분을 절단한다　④ 나사못으로 고정한다

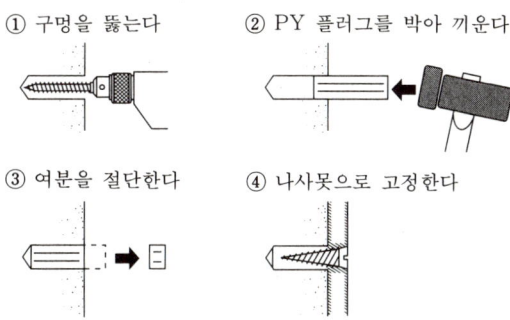

그림 7-8　플러그에 의한 설치 방법

- 석고 보드 붙임의 경우　그림 7-6과 같이 전용의 플러그를 사용하여 설치판을 고정한다.
- 철근 콘크리트의 경우　그림 7-7, 그림 7-8과 같이, 전용 앵커 볼트 또는 플러그를 사용하여 설치판을 고정한다. 다만, 플러그는 강도

① 구멍을 뚫는다
② 볼트를 삽입한 채로 플러그를
끼우고 해머로 박아 넣는다

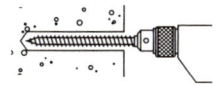
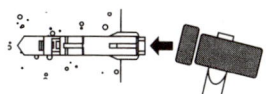

③ 볼트를 죈다
(렌치, 래칫 스패너 등,
자루가 긴 죔 공구로
힘껏 죈다)

④ 볼트를 빼고 설치판을 끼운
후 다시 볼트를 죈다.

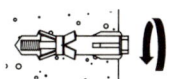
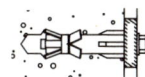

확장 링이 벌어져 갈고리 구조로
되어서, 본체의 말단도 벌어지고,
ALC판에 꽉 고정된다

그림 7-9　앵커 볼트에 의한 설치 방법

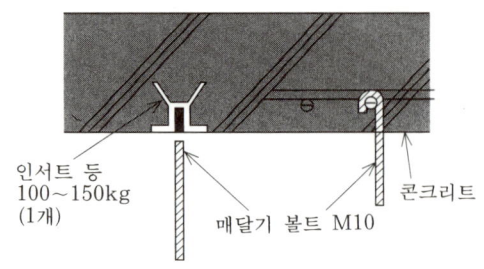

인서트 등
100~150kg
(1개)

매달기 볼트 M10

콘크리트

그림 7-10 콘크리트 슬래브에 지지 고정

면에서 천장에서의 사용은 피한다.

■ 경량 기포 콘크리트(ALC)의 경우 그림 7-9와 같이, 전용 앵커 볼
트를 사용하여 설치판을 고정한다.

② 천장 카세트형 실내기 실내기의 설치는 그림 7-10과 같이 콘크리트
슬래브에서의 매입 볼트이거나, 인서트를 사용하여 매다는 볼트로 할 것. 매
다는 볼트에 대한 고정은 상하에서 너트로써 죈다. 또한, 기기로부터의 진동
을 절연하기 위하여 부싱 고무를 사용한다.

③ 벽 빌트인형 실내기 전용의 설치 프레임을 사용하여 내장벽의 보강재
에 고정한다.

(c) 냉매 배관

(1) 냉매 배관의 길이 및 낙차 각 기종 메이커에 따라 냉매 배관의 허용
길이 및 허용 낙차가 다르기 때문에, 「설치 설명서」로 다시 확인을 한다.

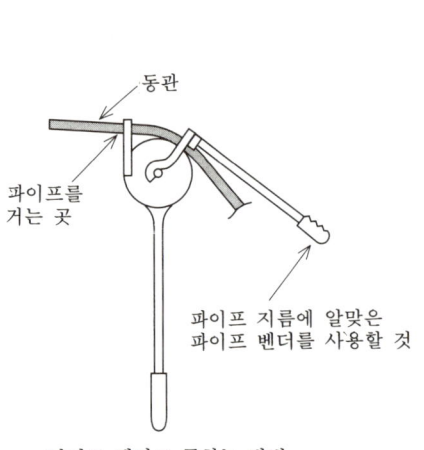

동관

파이프를
거는 곳

파이프 지름에 알맞은
파이프 벤더를 사용할 것

파이프 벤더로 굽히는 방법

그림 7-11 파이프 벤더에 의한 배관의 정형

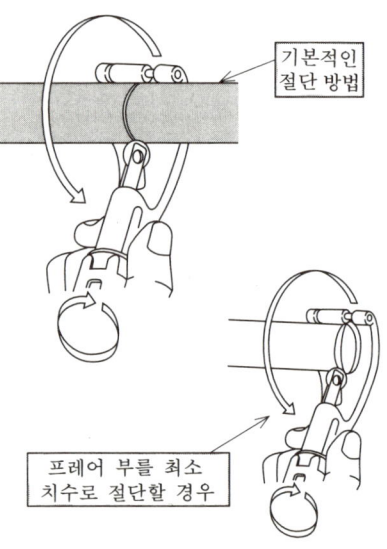

기본적인
절단 방법

프레어 부를 최소
치수로 절단할 경우

그림 7-12 파이프 커터로써 절단

(2) **배관의 정형(整形)**　배관을 굽힐 경우에는 손발로 굽히면 파이프가 찌부러지므로, **그림 7-11**과 같이 파이프 벤더를 사용한다.

(3) **배관의 절단**　배관을 절단할 경우, 절단부가 변형하거나 경사지게 되면, 가스 누설의 원인이 되므로 **그림 7-12**와 같이 파이프 커터를 사용한다.

(4) **배관의 버(burr) 제거·프레어 가공**　배관을 프레어 가공할 때 절단면에 버가 있으면 똑바른 프레어가 되지 않으므로 리머를 사용하여 버를 제거한다. 또한, 배관 안에 절삭 칩이 들어가면 고장의 원인이 되기 때문에 주의가 필요하다. 프레어 가공은 **그림 7-13**과 같이 적정한 치수를 확보한다.

(5) **배관의 접속**　프레어 너트의 체결에 있어, 죔 상태가 느슨하면 냉매가 누설되거나, 또 너무 죄면 프레어 부가 균열되어 냉매가 새기 때문에, 이것을 방지하기 위해 **그림 7-14**와 같이 지정된 토크 렌치를 사용하여 알맞은 토크 값으로 죄도록 한다.

(6) **냉매의 주입·가스 누설 체크**　배관 후에는 가공 공사 후의 수분이나 먼지를 제거하기 위하여 진공 흡입을 하고, 지정 냉매를 주입하여 다른

프레어 가공

냉매 배관용 동관을 접합하기 위한 배관 가공 방식. 관의 끝을 나팔 모양으로 가공하는 것을 프레어라 한다.

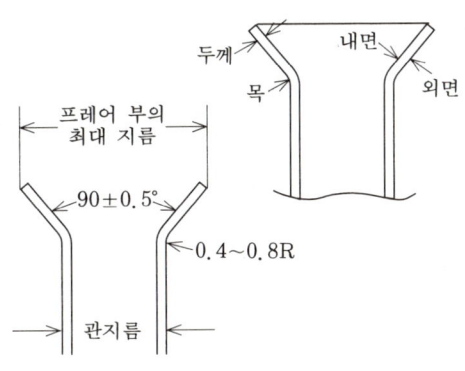

그림 7-13 프레어의 마무리

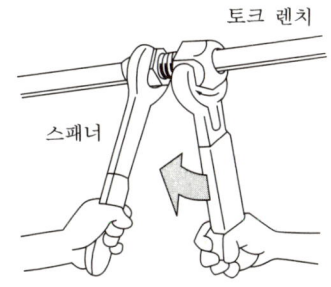

그림 7-14 배관의 접속

기체가 혼입되지 않도록 한다. 또한, 냉매 배관 시공 후에 반드시 가스 누설 체크를 한다. 냉매 주입, 가스 누설 체크 방식은 각 기종 메이커에 따라 다르기 때문에 「설치 설명서」로 재차 확인을 해야 한다.

(7) 배관의 단열   배관시에는 가스 액관의 각각에 단열을 하고, 기기와의 배관 접속부(프레어 너트부)까지 반드시 단열을 한다.

(d) 드레인 배관

(1) 배수 방법은 간접 배수로 하고, 다른 배수관에 접속하지 않도록 한다.

(2) 수평관은 반드시 내림 물매(1/50~1/100)로 하고, 배관 도중에는 굽음·오름 물매 등이 없도록 한다.

(3) 옥내 배관은 냉수가 흐르기 때문에 반드시 단열(6mm 이상의 발포 에틸렌 등)을 한다.

(4) 드레인 배관 시공 후에는 배수가 확실하게 실시되고 있는가를 확인한다.

(e) 전기 공사(전원·제어선 배선)

■ 일반 사항

(1) 전기 공사는 전기 용품 단속법 및 기타 법규를 준수한다.

(2) 각 기기의 소비 전력(와트 수 또는 암페어 수)과 사용 전압을 확인하고, 소비 전력의 합계 값이 수전(受電) 용량을 초과하지 않도록 확인을 한다.

■ 배선 공사

내선규정
전기 설비의 공사·유지·운용·검사의 규범

(1) 전기 공사는 「전기설비에 관한 기술기준」, 「내선규정」에 따라 시공한다.

(2) 접지(어스) 공사는 「내선규정」에 의한 D종 접지 공사로 하고, 가스·수도관·피뢰침·전화 등의 다른 설비 배관 및 배선에 접속하지 않도록 한다.

접지 공사
전기 기구·전류 회로의 일부를 대지에 접속하여, 기기의 전위가 증대하는 것을 막는다. 접지 종별은 내선규정으로 규정되어 있다.

(3) 전원 전선은 노이즈 방지를 위해, 텔레비전의 피더 선과 2m 이상 떨어지게 한다.

(f) 덕트 공사

불연 덕트
일본의 건축기준법 시행령에서, 3층 이상의 건물에서의 환기 및 냉·난방용 덕트는 불연 재료로 하도록 되어 있다.

(1) 냉·난방 설비에서의 덕트는 단열 처리를 한다. 또한, 집합 주택의 경우, 관할 관청으로부터 「공조·환기 설비 덕트」와 마찬가지로 「불연 덕트」의 사용을 지도받고, 관청에 대한 확인을 실시한다.

(2) 실내기와의 접속 부분은 무리한 힘이 걸리지 않도록 시공을 한다. 또한, 실내기로부터의 진동이 전달되지 않도록 플렉시블 덕트나 캔버스 이음을 사용한다.

(3) 덕트 접속 부분에 틈새가 있으면 공기의 누설이나 결로의 원인이 되고, 냉·난방 효과도 떨어지기 때문에 확실하게 시공을 한다.

② 온수 난방 설비

(a) 열원기

(1) 열원기의 설치는 「가스 기기의 설치기준 및 실무지침」(일본 가스기기검사협회 발행), 「특정 가스 소비 기기의 설치공사의 감독에 관한 법률」(일본 통산산업성)의 기술상의 기준에 적합하며, 기기의 보수, 점검이 용이한 장소로 한다.

(2) 이웃하는 주호에 배기가 직접 닿거나, 연소음 등으로 인해 피해가 가는 장소는 피한다.

(3) 인화성 위험물을 저장하는 장소에는 설치하지 않는다.

(b) 난방용 방열기

(1) 설치 장소는 난방 효율이 가장 좋은 장소로 한다.

(2) 기기(바닥 설치형, 벽걸이형, 벽 매입형 등)의 고정은 지정된 방법으로 한다. 특히, 다다미방에 설치하는 경우에는 다다미의 위에 바로 설치하지 않는다.

(c) 바닥 난방

(1) 바닥 재료의 종류(직접 붙임, 이중 바닥 방식 등)에 따라 시공 방식이 다르기 때문에 적절한 처리를 한다.

(2) 바닥의 충격음 대책에 대해서는 사용하는 바닥 재료에 따라 효과가 매우 다르기 때문에, 요구하는 차음(遮音) 등급에 대하여 적절한 재료·시공 방식의 선정에 주의할 필요가 있다.

(d) 온수 배관

(1) 배관 재료는 메이커의 지정 재료로 하고, 공법(바닥 배관, 천장 배관 등)에 알맞은 재료로 한다.

(2) 배관의 도중에는 이음을 사용하지 않지만 점검구 등으로 유지 관리가 가능한 장소는 이 제한을 받지 않는다.

(3) 배관의 콘크리트 직접 매설은 유지 관리가 곤란하며, 열에 의한 신축 등의 영향이 있기 때문에 하지 않는다. 다만, 뚜껑관 매설은 이 제한을 받지 않는다. 또한, 매설 배관을 실시할 경우에는 구조 구체에 대한 영향이 있기 때문에, 현장 시공 감리자와 협의할 필요가 있다.

뚜껑관

배관류를 콘크리트 등에 매설하는 경우의 보호관

3 유지 관리

일반적으로 주택에서 각종 설비 기기류의 유지 관리가 이루어지지 않고 있는 경우가 많으며, 대부분 소모품으로 생각하고 있다. 그러나 기기의 능숙한 사용 방법이나 일상의 간단한 보수로 기기의 수명을 길게 할 수 있다.

[1] 환경 대책

(a) 에너지 절감 대책

■ 건축물로서의 대응책

(1) 냉방 운전시에는 일사량이 미치는 영향이 크다.

건축 계획상의 대응책으로서는, 개구부에 대하여 「차양」을 설치하거나, 유리의 형식을 「페어 글라스」로 하는 등의 대응책이 있다. 또한, 개구부를 최소한으로 한다는 것은 냉·난방 설비상 효과적인 에너지 절감 대책으로 되지만, 분양형 집합 주택에서는 의장·디자인 계획상 불리한 항목으로 되며, 구입자의 평판에도 좋지 않다.

(2) 외벽면 단열 성능의 향상 역시, 냉·난방 설비에 대해 크게 영향을 미친다. 특히, 1층이 필로티(pilotis) 등인 경우, 바닥면에서의 단열 처리가 불완전하면 난방 운전시에 열손실이 커지며, 난방 효과가 발휘될 수 없는경우가 있다.

■ 일상 생활에서의 대응책

일상 생활에 있어서도 다음과 같은 연구를 함으로써, 충분히 에너지 절감

> **페어 글라스**
>
> 복층 글라스라고도 한다. 두 장의 유리를 합쳐서 공기층을 만든다. 단열 효과가 높고, 결로 방지에도 도움이 된다.

그림 7-15 바지런한 온도 조절

운전을 실시할 수 있다.

(1) 바지런한 온도 조절(그림 7-15). 너무 따뜻하거나 너무 춥지 않도록 온도 조절을 바지런히 하고, 설정 온도를 난방시에는 2℃정도 낮게, 냉방시는 1℃정도 높게 함으로써 에너지 절감 운전이 된다.

(2) 창에 「커튼·블라인드」(그림 7-16). 난방 운전시에는 실내의 열을 내보내지 않도록 하고, 일사를 차폐함으로써 냉방 효과를 높일 수 있다.

(3) 너무 차게, 너무 덥게 하지 않도록 주의(그림 7-17). 냉방 운전시에 지나치게 차게 하는 것은 건강에도 좋지 않으므로, 외기와의 온도차를 4~6℃ 이내로 한다.

(4) 필터의 청소(그림 7-18). 필터가 더러워지면 적절한 냉·난방 효과를 발휘하지 못한다. 2주일에 1회 정도의 손질이 필요하다.

(b) 프레온 가스 대책

룸 에어컨의 냉매에 사용되는 HCFC는 1996년 1월 1일부터 생산 총량 규제가 시작되었다. 이 때문에 메이커에서는 프레온의 배출 억제로 환경 보호의

> **HCFC**
>
> 대체 프론 : 하이드로클로로플루오로카본. 염소를 포함하고 있지만 수소가 있기 때문에, 오존 파괴의 정도가 적다.

> **생산 총량 규칙**
>
> 몬트리올 의정서, 빈 회의에서 결정되고, 2020년에는 전폐할 것으로 결정되어 있다.

그림 7-16 창에 「커튼·블라인드」를

그림 7-17 너무 차게, 너무 덥게 하지 않도록 주의

그림 7-18 필터의 청소를

관점에서 자주적인 대응책의 일환으로, 에어 퍼지 방식을 종래의 프레온 가스 방식에서 「진공 펌프 방식」으로 할 것을 권장하고 있다.

장래의 지구 환경 보호의 관점에서는 냉매 프레온의 대기 배출을 억제하는 것이 중요하다. 또한, 현재 룸 에어컨에 사용하고 있는 HCFC 냉매도 2020년에는 폐지하도록 결정되어 있기 때문에, 이에 대체되는 새로운 냉매의 개발이 시급하고, 각 메이커에서는 새로운 냉매 대응의 신 냉매 사이클 시스템을 탑재한 제품이 개발되고 있으며, 일부의 제품은 1998년 1월부터 시판되고 있다.

[2] 유지 관리상 주의할 점

냉·난방 설비는 시스템으로서 「안전하고 정확한 기능」을 유지하고, 항상 「쾌적한 환경」을 유지하는 것이 필요하다. 「정상적인 기능」, 「쾌적한 환경」을 유지하기 위해서는 기기 본체의 정기적 점검·정비 또는 고장 수리·보수 공사가 필요하게 된다.

냉·난방 설비 기기를 정기적으로 점검·정비함으로써 미연에 고장을 방지할 수 있으며, 안전하고 정상적인 기능을 유지할 수 있다. 이러한 모든 것들은 사용자의 꼼꼼하고 부지런한 점검에 의해서 가능하므로 각종 기기의 「취급 설명서」를 참조하여, 기기의 수명 연장 및 정확한 유지 관리가 되도록 노력해야 한다.

[3] 보수 관리 사항

아래의 항목은 각 설비의 기본적인 「보수 관리 사항」이다. 상세한 사항은 각 기기 마다 다르기 때문에 메이커의 「취급 설명서」를 확인할 필요가 있다.

(a) 히트 펌프식 에어컨
- 흡입, 분출 온도차를 측정

- 필터의 체크
- 드레인 수(水)의 통수 체크
- 기기 주변의 장해물 등의 환경 체크
- 실외기 부분의 청결 상태 체크
- 실내기, 실외기의 전기 절연 저항의 체크

(b) 온수 난방 설비
(1) 열원기의 체크
- 연소부의 확인
- 연소 상황의 확인
- 안전 장치의 작동 확인

(2) 배관의 체크
- 난방 배관내의 순환수 점검
- 방열기 주변 배관의 누수 점검

(3) 전장(電裝) 관계의 체크
- 단자(端子)대 및 각부 접속 상황의 점검
- 배선의 손상 및 노후의 확인

(4) 난방 운전·능력의 체크

4 리뉴얼 계획

　냉·난방 설비의 리뉴얼 공사는 일반적으로 내장 공사와 동시에 실시되는 경우가 많은데, 다음 항목을 실시함으로써 냉·난방 설비의 단독으로 대응이 가능하다.

　(1) 실외기·열원기

　실외기의 설치(메이커가 권장하는 벽 등으로부터의 거리를 확보한다는 것)에 있어 기기의 성능을 확보하는 동시에, 메인티넌스·리뉴얼 공사도 용이하게 대응할 수 있다. 그러나 외벽면에 고정 기구로써 설치할 경우, 장래에 발판 등이 필요하게 될 것이므로, 실외기의 설치 공간을 처음의 계획 단계부터 확보할 필요가 있다.

　(2) 실내기

　벽걸이형과 같은 노출형이라면 아무런 지장 없이 대응이 가능하며, 천장 카세트형 등인 경우, 본체, 냉매·드레인 배관의 해체를 쉽게 할 수 있도록, 본체의 주변에 점검구(450mm 정사각)를 설치할 필요가 있다.

(3) 냉매·온수 배관

일반적인 배관 공사와 마찬가지로 건축 구체에 매설하는 배관을 금지한다. 또한, 매설하는 배관의 경우, 냉매 온수 배관 모두 「외관 공법」을 채용하여, 장래에 배관 등을 뽑아낼 수 있도록 대응할 필요가 있다. 특히, 냉매 배관에 대해서는 점검구(450mm 정사각)를 설치할 필요가 있다.

5 현장 작업의 안전 관리

고소(高所) 작업(높이 2mm 이상의 곳)에서 작업을 할 경우, 노동안전위생법상, 위험방지를 위한 조치를 강구하도록 되어 있다.

일반적인 냉·난방 설비기기의 설치 공사에 대해서도, 똑같은 기준에 준거해야 한다. 아래 사항은 기본적인 포인트이며, 반드시 안전확보를 위한 장비를 활용하고, 모든 위험의 가능성에 대비할 필요가 있다.

(1) 안전 장비와 작업복(그림 7-19)

(2) 사다리, 발 올림 작업에 대한 재해 방지

(3) 발판 위 작업에 대한 재해 방지

특히, 건축 현장에서의 사고는 작업장 전체의 「안전 관리」와 연관되기 때문에 건축 현장에서의 작업을 실시하려면, 사전에 현장 시공 감리자와의 「안전 관리」에 대하여 협의를 하고, 세심한 주의를 하는 것이 중요하다.

안전모(추락 보호용)는 바르게 쓴다

턱끈은 단정하게 맨다

단추를 단정하게 잠근다

소맷부리는 죈다

안전 벨트를 착용한다

바지자락은 꽉 죌 것, 구두 안에 넣거나 각반을 찬다

구두끈을 단정하게 맨다

미끄러지기 쉽고, 벗겨지기 쉬운 신발은 착용하지 않는다

그림 7-19 안전한 작업 복장

6 Q & A

Q1 룸 에어컨의 냉방 원리는?

A 알코올로 소독을 하면 시원함을 느낀다. 이것은 액체가 증발하여 기체로 될 때에 주변의 열을 빼앗기 때문이다. 이 원리를 이용하여, 실내의 열을 흡수하여 실외로 열을 방출하는 것이다. 즉, 냉방 운전을 하면 실내기에서 「냉풍」이 분출되고, 실외기로부터 「열풍」이 배출되는 것이다.

Q2 룸 에어컨의 난방 원리는?

A 만일, 냉방시에 실내기를 옥외로, 옥외기를 실내에 설치하면, 실내에 「열풍」을 분출하므로 난방을 하게 된다. 이것은, 기체가 액체로 될 때, 열을 방출하는 성질을 응용하고 있는 것이다. 즉, 실외의 열을 흡수하여 실내로 열을 방출하는 것이다.

Q3 동일 설비로 「냉방」과 「난방」을 할 수 있을까?

A 여름과 겨울에, 실내기와 실외기를 바꿔서 사용하는 발상도 생각해 볼 수 있으나 냉매의 흐름 방법을 바꾸는 전용기에 의해서만 냉·난방이 가능하다.

Q4 룸 에어컨은 경제적인 난방 방식이라고 하는데...

A 룸 에어컨은 전기를 직접 「열」로서 이용하는 것이 아니라, 전기를 「열」을 퍼올리는 동력원으로 하고 있기 때문에 열효율이 높아진다. 따라서
   (1) 전기 히터에 비하여 3~4배 효율이 높다.
   (2) 동일 설비로 냉방과 난방이 가능하며, 설비의 이용 효율이 높다.
   (3) 연료를 사용하지 않기 때문에 화재나 불완전 연소에 의한 중독 등의 위험이 없고 위생적이다.
   와 같은 이유로 경제적이라 할 수 있다.

Q5 룸 에어컨의 난방 능력은?

A 룸 에어컨은, 옥외의 열을 퍼 올려 실내로 운반해서 난방을 한다. 옥외의 온도가 떨어지면 퍼 올리는 열량도 감소하게 된다. 이 때문에 한겨울에는 지역에 따라서 일시적으로 보조 난방 기구를 추가하거나, 한단

계 위의 능력 기종을 선택할 필요가 있다.

Q6 룸 에어컨 난방시 실외기에서 물이 나오는데...

A 외기의 온도가 낮고 습도가 높을 경우, 실외기의 「열교환기」 부분에 서리가 부착된다. 서리가 부착되면 옥외의 열을 퍼 올리기 어렵게 되기 때문에 자동적으로 서리를 녹이는 기능이 작동한다. 이 과정에서 물이 생기고, 일시적인 정지 현상이 일어나는데 고장은 아니다.

Q7 온수 난방의 능력은?

A 온수 방식은 물을 직접 가열하기 때문에 외기의 영향을 받지 않는다. 다만, 수온이 저하되면 가열시의 열량도 증대한다.

Q8 룸 에어컨의 냉방(제습) 운전시에 물이 나오는데...

A 공기에는 수증기가 혼합되어 있어서, 온도가 높아지면 공기중의 수증기가 증가한다. 여름의 「습도가 높다」라 함은 이와 같은 상태를 말한다. 공기를 냉각하면 공기중의 수증기가 응축하여 물방울로 된다. 실내기에서 냉각된 「열교환기」 부분에 공기가 접촉하므로 물(드레인)이 발생한다. 여름에 냉수가 들어 있는 컵에 물방울이 붙는 이치이다.

Q9 룸 에어컨의 분출 부분에서 안개가 나오는 것은?

A 우기, 장마 또는 문이나 창이 열려 있을 때 등에, 냉방·제습(除濕) 운전에서 설정 온도가 낮으면 룸 에어컨 주변의 공기가 수증기를 많이 포함하고 있기 때문에, 분출구에서의 냉기에 의해 수증기가 안개 모양으로 된다. 설정 온도를 높이거나, 문과 창을 닫음으로써 안개는 없어진다.

Q10 냉·난방이 약하거나 운전 중에 정지한다. 문제는?

A 실외기의 분출구나 흡입구가 막혀 있거나, 실외기의 통풍이 나쁘면 고장의 원인이 된다. 또한, 실내기의 필터가 불결하거나, 막혀 있으면 바람이 나오지 않는다. 청소는 2주일에 1회 정도가 기준이다. 또한, 운전 상태가 이상할 경우에는 「취급 설명서」의 고장 예를 확인한다.

Q11 룸 에어컨의 실내기에서 이상한 소리가 난다. 문제는?

A 아래와 같은 소리가 날 경우라면 고장은 아니다.
(1) 「프슈호」소리는 난방 운전시의 「서리 제거 운전」이나 「정지」시 냉

매의 흐름이 바뀌는 소리이다.

(2) 「피시피시」소리는 온도 변화에 의한 부품이 신축(伸縮)할 때의 소리이다.

(3) 「슐슐슐, 국구국구」소리는, 냉매의 흐르는 소리이다.

(4) 「고보고보」소리는 기밀성이 높은 방에서 환기 팬을 사용할 때에 발생하는 드레인 관에서 나는 소리이다. 또한, 운전 소리가 이상할 경우에는 「취급 설명서」의 고장 예를 확인한다.

Q12 룸 에어컨의 운전 조건은?

A 냉방 운전   외기 온도 : 약 35℃, 실내 온도 : 약 27℃
난방 운전   외기 온도 : 약 7℃, 실내 온도 : 약 20℃
위의 조건이, JIS에서 정해진 냉·난방의 표준 능력 조건이다. 외기 온도가 특히 높을 때에는, 보호 장치가 작동하여 운전이 되지 않을 때가 있다.

Q13 에너지 절감 운전이란?

A 설정 온도를 냉방 운전시에는 27℃, 난방 운전시에는 20℃로 하면 경제적이다. 또한, 냉방시에는 외기와의 온도차를 4~6℃ 이내로 하고, 커튼, 블라인더로 일사를 차단함으로써 에너지 절약이 된다.

Q14 냉·난방기를 사용할 경우 주의할 점은?

A 「취급 설명서」의 「안전상의 주의점」을 읽도록 한다. 사용자나 주변 사람에 대한 유해와 재산의 손해를 미연에 방지하며, 안전하고 바르게 사용하기 위한 중요한 내용이 기재되어 있기 때문에, 기재 사항을 지키도록 한다.

Q15 냉·난방기를 능숙하게 사용하는 방법은?

A 「취급 설명서」에서 각종 기능의 설명을 잘 읽어두어야 할 뿐만 아니라, 기기의 특징을 이해하도록 해야 한다.

Q16 냉·난방기의 메인티넌스는?

A 「취급 설명서」의 「일상의 손질」을 실시한다. 또한, 1년에 한 번은 「설치 상태」를 확인하도록 한다. 설치에 불필요한 점이 있으면 고장의 원인이 된다. 또한, 메이커의 「점검 정비(유료)」를 받음으로써 고장·수리를 사전에 방지할 수 있으며, 기기의 수명도 연장시킬 수 있다.

Q17 바닥 난방의 특징은?

A 바닥 난방은 온풍 난방과 달리 바닥면으로부터 방사에 의해 난방을 하기 때문에, 바닥면 부근이 따뜻하고, 천장까지 균일한 온도 분포가 되며, 이른바「두한족열」타입의 난방 방식으로서,「이상적인 난방」이라고 생각된다. 또한, 실내에 연소 기구가 없기 때문에 기구나 코드에 걸려 넘어지거나 화상의 염려가 없는「안전한 난방」이다.

Q18 바닥 난방은 건강에 좋다고 하는데...

A 바닥 난방은「기류」가 없기 때문에 피부로부터 수분이 달아나지 않으므로「까슬까슬한 감」이 없어지는 동시에, 발 밑의「사늘한 감」도 없고, 특히 여성의 냉증이나 고령자의 류머티스나 요통 등에 효과가 있다고 한다.

인 용・참 고 문 헌

● 제1장
1) 経済企画庁調査局編：“家計消費の動向”，消費動向調査年報（平成8, 9年版），pp. 372～373（1998）

● 제2장
1) 経済企画庁調査局編：“家計消費の動向”，消費動向調査年報（平成8, 9年版），pp. 221～223（1998）
2) ベターリビング：気密住宅における室内環境向上に関する研究報告書，p.82（1993）
3) 平成3年度資源エネルギー庁受託調査：将来の都市ガス利用機器システムについて－住宅の高気密化・高断熱化に対応する暖房機器システムの方向－，p.80, p.83, 日本瓦斯協会（1992）
4) 空気調和・衛生工学会編：空気調和・衛生用語辞典，オーム社（1990）

● 제3장
1) 空気調和・衛生工学会：“住宅設備における技術指針に関する検討結果報告”，住宅設備小委員会報告書（1992）
2) 日本建築学会編：高齢者のための建築環境，彰国社（1994）
3) 空気調和・衛生工学会編：空気調和・衛生工学便覧Ⅱ－空気設備編－（第11版），空気・調和衛生工学会（1987）

● 제4장
1) 空気調和・衛生工学会編：空気調和・衛生工学便覧（第12版），p.29, p.33, p.40, 空気調和・衛生工学会（1995）
2) 空気調和・衛生工学会編：空気調和設備の実務の知識（第1版），p.174, オーム社（1971）
3) 井上宇市編：空気調和ハンドブック（改訂4版），p.59, 丸善（1996）
4) 建設省住宅局住宅生産課監修：住宅の新省エネルギー基準と指針（第3版），住宅・建築省エネルギー機構（1992）
5) 建設省住宅局建築指導課長・建設省住宅局建築環境技術対策官：建築物の省エネルギー基準と計算の手引（改訂2版），p.13, 住宅・建築省エネルギー機構（1995）

● 제5장
1) 空気調和・衛生工学会編：空気調和・衛生工学便覧－応用編－（第12版），p.177, p.179, p.182, 空気調和・衛生工学会（1995）

인용·참고문헌

● 제6장

1) 環境庁地球環境部編：地球環境キーワード，中央法規出版（1993）
2) 空気調和·衛生工学会編：空気調和·衛生用語辞典，p.174, p.474, p.496, p.532, p.582, オーム社（1990）
3) 空気調和·衛生工学会編：空気調和·衛生工学便覧Ⅱ（第11版），空気調和·衛生工学会（1987）
4) 空気調和·衛生工学会規格："冷·暖房負荷計算表"，HASS 108, 空気調和·衛生工学会（1965）
5) 空気調和·衛生工学会規格："冷房負荷簡易計算方法"，HASS 109, 空気調和·衛生工学会（1965）
6) 空気調和·衛生工学会規格："冷暖房熱負荷簡易計算方法"，HASS 112, 空気調和·衛生工学会（1993）
7) 空気調和·衛生工学会：設計用最大負荷計算法，空気調和·衛生工学会
8) JIS規格："ルームエアコンディショナ"，JIS C 9612, 日本規格協会（1994）
9) TOTO出版：給湯設備のABC（1993）
10) 東京ガス資料，ガス温水暖冷房システム（1997）
11) 東京ガス資料，快適新書（1998）
12) 空気調和·衛生工学会：床暖房のアメニティ評価に関する研究委員会報告（1994）
13) 日本床暖房工業会：温水床暖房システム（1995）
14) 日本住宅設備システム協会：電気床暖房自主基準（1994）

찾 아 보 기

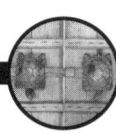

성안당 .com www.cyber.co.kr   www.upto.co.kr

서울특별시 영등포구 신길6동 4579번지 TEL:844-0511(代) FAX:844-8177

패스 건설재료시험기사 · 산업기사

박영태 著/4 · 6배판/970p/정가 30,000원

- 개정된 시방서에 의해 문제를 완벽하게 해설하였다.
- 유사한 문제를 나열하여 쉽게 개념을 파악할 수 있도록 하였다.
- 중복되는 문제가 없도록 하였다.

핵심 요점 정리 · 문제 실내건축기능사

이영회 · 구명순 · 윤광진 共著/4 · 6배판/742p/정가 20,000원

- 한국산업인력공단의 출제기준에 맞추어 단원별로 요약 정리하였다.
- 예상문제를 과목별, 단원별 및 난이도별로 분류하여 수록하였고, 완벽한 해설을 첨부하여 이와 유사한 문제를 풀이할 수 있도록 하였다.
- 문제를 체계화하여 문제에 대한 개념을 파악할 수 있도록 하였다.
- 부록편에는 그동안 출제되었던 문제를 수록하여 시험 체제에 적용할 수 있도록 하였다.

최근 5개년 건축기사 과년도 문제해설

정하정 著/4 · 6배판/788p/정가 23,000원

최근 5년간 출제된 문제를 출제 날짜, 과목별로 수록하여 시험 분위기에 맞게 재편집하였고, 간략하게 해설함으로써 단기간 내 시험 준비에 만전을 기할 수 있도록 하였다. 또, 수검자가 실제 시험에 임하는 태도로 문제 풀이를 하여 본인의 실력을 측정할 수 있도록 하였으며, 실전을 앞둔 마지막 마무리로 총정리를 하는 데 도움이 되도록 하였고, 이해하기 어려운 부분은 핵심적인 해설을 통하여 이해할 수 있도록 하였다. 건축법규 문제는 현행 법규에 맞추어 수정된 문제를 수록하였으며, 건축기사 과년도 문제 해설집의 자매지로 출간되었으므로 미비한 점은 과년도 문제 해설집을 참고하기 바란다.

최근 5개년 건축산업기사 과년도 문제해설

정하정 著/4 · 6배판/764p/정가 23,000원

최근 5년간 출제된 문제를 출제 날짜, 과목별로 수록하여 시험 분위기에 맞게 재편집하였고, 간략하게 해설함으로써 단기간 내 시험 준비에 만전을 기할 수 있도록 하였다. 또, 수검자가 실제 시험에 임하는 태도로 문제 풀이를 하여 본인의 실력을 측정할 수 있도록 하였으며, 실전을 앞둔 마지막 마무리로 총정리를 하는 데 도움이 되도록 하였고, 이해하기 어려운 부분은 핵심적인 해설을 통하여 이해할 수 있도록 하였다. 건축법규 문제는 현행 법규에 맞추어 수정된 문제를 수록하였으며, 건축산업기사 과년도 문제 해설집의 자매지로 출간되었으므로 미비한 점은 과년도 문제 해설집을 참고하기 바란다.

2주 완성 합격⁺ 전산응용 건축제도 기능사 문제해설

이영회 · 구명순 共著/타블로이드판/180p/정가 15,000원

- 한국산업인력공단의 출제기준에 맞춰 예상문제를 과목별, 단원별 및 난이도별로 분류하여 수록하였고, 완벽한 해설을 첨부하여 이와 유사한 문제를 풀이할 수 있도록 하였다. 문제를 체계화하여 문제에 대한 개념을 파악할 수 있도록 하였다. 수검자가 실제시험에 임하는 태도로 문제풀이를 하여 본인의 실력을 측정할 수 있도록 OMR 카드를 수록하였다. 부록편에는 그 동안 출제되었던 문제를 수록하여 시험 체제에 적용할 수 있도록 하였다.

문제은행 실내건축기능사

이영회 · 구명순 共著/4 · 6배판/604p/정가 20,000원

최근 들어 수준 높은 실내 건축 분야의 기능공이 더욱 많이 필요하게 되었으며, 특히 실내건축기능사는 그 수요에 비해 아직까지는 그 수가 매우 부족한 실정이므로 이 분야에 뜻을 가진 사람들이 국가기술 자격시험을 준비함에 있어서 이 책 한권만을 습득하면 충분히 합격할 수 있도록 하였다.

오피스 빌딩의 설비설계 가이드

空氣調和 · 衛生工學會 編/박종일 譯/4 · 6배판/136p/정가 9,000원

공기조화설비와 급배수 위생설비의 설계에 중점을 두고 건물을 예로 들어 연습할 수 있도록 하는 데 그 목적을 두고 집필되었다. 시설 설계의 전 단계에서 시행되는 기획 · 기본설계는 필요한 최소 사항만 다루었으며, 실무지식의 데이터를 참조한 실시 설계의 각종 설계 예나 시스템 선정, 기기용량 · 크기의 결정방법을 구체적으로 나타내어 실시 설계 방법을 지도하고 있다.

알기쉬운 재건축 이야기

전연규 著/4 · 6배판/646p/정가 30,000원

- 사업성 검토 방법 등 실무 내용 다수 수록
- 최근 개정된 관계법령을 기준으로 한 실제 사례 예시
- 도시계획조례관련 용적률 · 지구단위 계획
- 재건축사업 사업진행 순서대로 단계별 소개

※본사의 사정에 따라 정가가 변동될 수 있습니다.

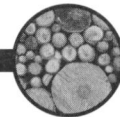

알기 쉬운 주택 설비
난방과 냉방

原書名 : わかりやすい住宅の設備 暖房と冷房

정가 : 10,000원

검 인
생 략

지은이 : 空気調和·衛生工学会
옮긴이 : 최 하 식
펴낸이 : 이 종 춘
대표자 : 이 재 홍

펴낸곳 : 성안당 .com

서기 2001년 4월 27일 초판1쇄인쇄
서기 2001년 5월 4일 초판1쇄발행

본 사
서울특별시 영등포구 신길6동 4579번지
전 화 : (02)844-0513
팩 스 : (02)844-6513
등 록 : 1973.2.1 제13-12호

ⓒ 2001 성안당

ISBN 89-315-6092-3

물류 및
영업본부

전 화 : (02) 844 - 0511(대)　(031) 903-3380(대)
팩 스 : (02) 844 - 8177　　(031) 901-8177(대)

당사 부담 서비스 : 080-544-0511

홈페이지 : **www.cyber.co.kr**

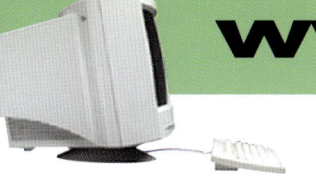